JN449197

디지털 패브리케이션

건축 및 재료기법

Digital Fabrications

Architectural and Material Techniques

Lisa Iwamoto 지음 **송규만** 옮김

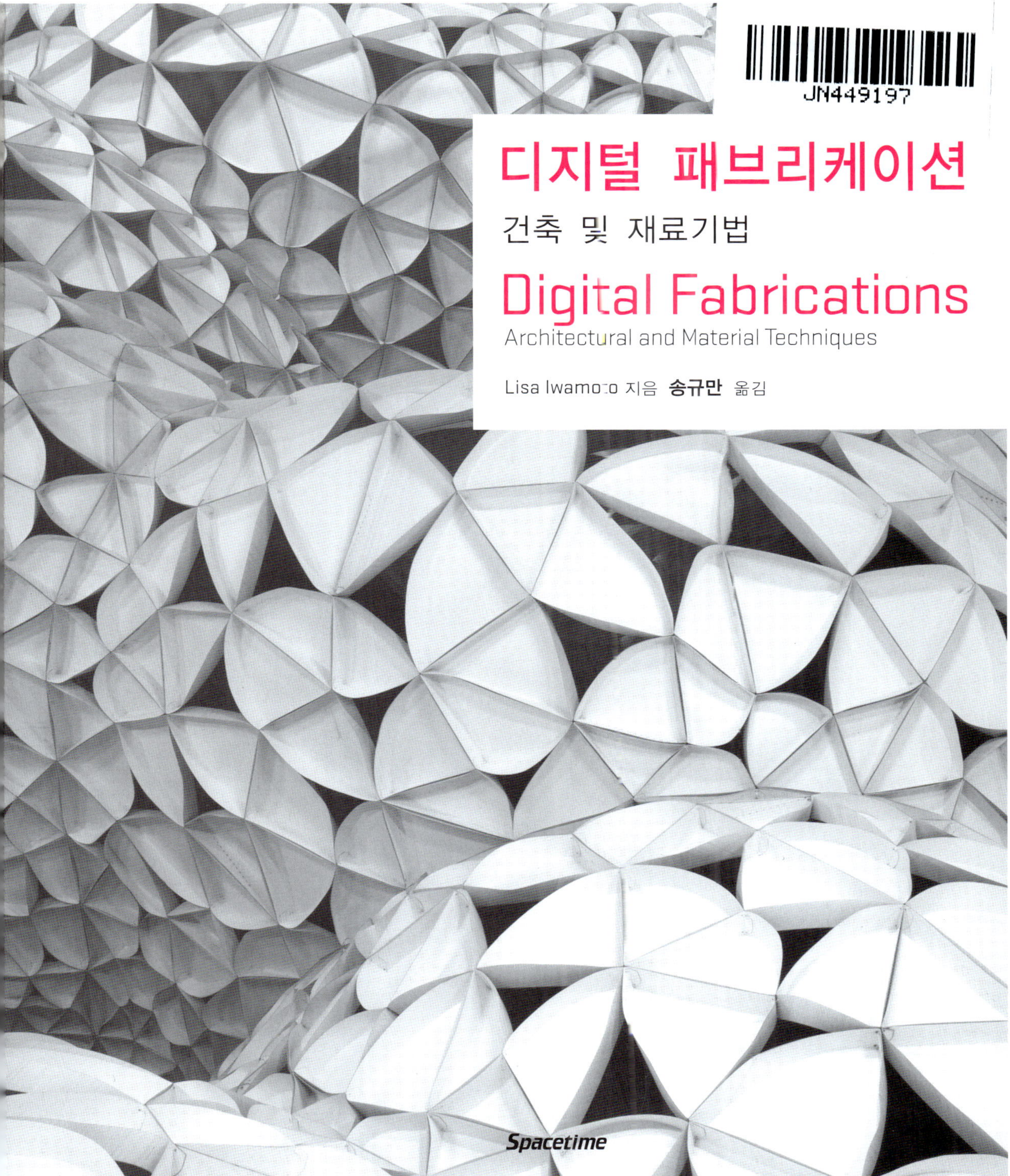

Spacetime

Front cover: *Technicolor Bloom*, Brennan Buch, 2007.
Photo: Christof Gaggl
Back cover: "Housing in Vienna," Matias del Campo and Sandra Manninger/SPAN, 2007–8. Photo: SPAN
Page 1: *Voussoir Cloud*, IwamotoScott Architecture, 2008.
Photo: Joshua White

디지털 패브리케이션(건축 및 재료기법)
Digital Fabrications(Architectural and Material Techniques)

Lisa Iwamoto 지음

송규만 옮김

1판 1쇄 2011년 3월 15일

발행인 **김기현**
발행처 **시공문화사 *(Spacetime)***
등 록 **1993년 3월 12일**
주 소 **서울시 서대문구 현저동 200 극동빌딩 5층(120-796)**
전 화 **02) 3147-1212, 2323**
전 송 **02) 3147-2626**
ISBN 978-89-5592-154-0
http://www.spacetime.co.kr, spacetime@korea.com

편 집 Design_Battery
인 쇄 예림인쇄사
제 본 문종문화사
용 지 대림지업(주)

ⓒ 2011 시공문화사. 파본은 교환해 드립니다.

정가 15,000원

"First published in the United States by Princeton Architectural Press"

Korean Translation Copyright © 2011 by Spacetime Publishers
Korean Edition is published by arrangement with Princeton Architectural Press through PK Agency, Korea

본 저작물의 한국어 판권은 PK Agency를 통해 Princeton Architectural Press와의 독점 계약으로 도서출판 시공문화사에 있습니다. 한국 내에서 저작권법에 따라 보호를 받는 책이므로 무단 전재와 무단 복제를 금합니다.따라서 한국 내에서 저작권법에 따라 보호를 받는 책이므로 무단 전재와 복제를 금합니다.

Contents

현 시대의 건축은 과거 어느 때보다 우리가 형식적, 공간적, 재료적으로 감지하는 디지털 미디어와 새로운 기술의 빠른 확장으로 인해 표현방식과 시공기법에 변화를 맞고 있다. 특히, 디지털 제작(digital fabrication)기법은 건축적 발명과 혁신을 통해 디자인 혁명에 박차를 가하고 있다. 건축 디자인에 있어 이러한 디지털 제작과 재료기술이 가상모델과 물리적 인공물 사이를 어떻게 조절하는지에 관한 것이 이 책의 주제이다.

로빈 에반스(Robin Evans)는 그의 저서 "*Translations from Drawing to Building*." 에서 건축가가 드로잉, 전통적 디자인 수단, 건축물, 그리고 구현된 결과물의 불가피한 분리에 마주치게 되는가에 대해 상세히 말하고 있다.[1] 그가 묘사한 것처럼, 위대한 발명은 이런 문제에서 나오게 된다. 전통적인 드로잉처럼, 디지털 생산(digital production)도 제한적인 요소와 새로운 가능성을 모두 가지고 있는 또 하나의 새로운 생성기법이다. 디지털 기법은 디자인과 제작 사이의 격차를 좁히고 디자인의 표현과 실제 건축물간의 격차를 좁혀줄 수 있는 가능성을 가지고 있다. 그러나 이러한 디지털 기법을 활용하여도, 실제 제작하는 방식에는 여전히 격차가 존재한다. 그리고 다른 생산 기법들과 마찬가지로, 이 문제를 해결하는 기술들은 그것만의 제약사항들이 있고 특별한 작업방법이 있다. 이 책에서 제시하는 작품들에서 나타나는 것같이, 혁신은 이러한 한계들과 진보된 디자인 사이에서 태어난다.

디지털 제작(Digital Fabrications): 건축과 재료에 관한 기술로, 디지털 디자인과 시공과정을 통해 실현된 건축적으로 혁신적인 작업을 말한다.

이 책에서는 몇몇의 혁신적인 프로젝트들을 통해서 디지털 제작기법의 발전에 관한 배경을 설명하고, 이러한 기법이 어떻게 젊은 세대의 디자이너들의 상상력에 자극을 주고 있는지에 관해 탐구해 보며, 디지털 제작을 위해 건축가가 가장 빈번히 사용하는 도구와 기술에 관한 실용적인 정보를 제공해 줄 것이다.

이 책의 많은 부분은 디지털 제작과 재료의 실험을 통해 나타난 독창적 기법의 소개에 할애하였으며, 작은 규모지만 창의적인 기술과 실험을 포함하는 제작과정에 의해 독창적으로 융합되고 정의된 기법에 의해 구현된 작품에 초점을 맞추고 있다. 이러한 작품들을 실현할 수 있었던 디지털 제작기법들은 많은 현업작가들과 학생들에게서 찾을 수 있었으며, 작품들은 응용된 디자인 연구의 농축된 결과였다. 이러한 결과물들은 디자인의 미적 가치를 창출하는 방법에 관한 연구에 집중하고 있다. 많은 현업건축가들은 학생들을 가르치는 동시에 직접 해볼 수 있는 기회를 제공함으로써 그들에게 자신들의 관심사를 전해줄 수도 있다. 이러한 이유로, 학생들에 의한 훌륭한 프로젝트들이 함께 수록되었다.

이 책은 15여 년간 다루어진 디지털 제작기법인 sectioning (단면자르기), tessellation (쪽매맞추기), folding (접기), contouring (등고선), forming (성형, 成形))으로 구성되어 있다. 각 장은 선구적인 사례들을 통해 주요 활용기술을 소개하고, 건축가가 디자인의 실현을 위해 어떠한 구축기법을 이용하였는가를 설명한다. 이 책에 제시된 많은 프로젝트들은 각 장에서 정의된 기법들의 두, 세가지 기술을 복합적으로 사용하였다. 그럼에도 불구하고, 프로젝트들의 구조적인 특성과 작업의 맥락에 따라, 각각의 프로젝트는 다른 작업들과 구분된다.

마지막으로, 이 책에서는 구현기법과 결과물과 더불어 도면, 템플렛(template)과 재료의 프로토타입(prototype)을 모두 소개하는 것을 목표로 하고 있다. 지금까지, 디지털 디자인에 관한 책들은 주로 기술적 묘사이거나, 몇몇의 대형 빌딩프로젝트에 대한 소개, 또는 미래 디지털 제작의 의미와 적용에 대한 폭넓은 전망에 관한 책이 대부분이었다. 이러한 경향에서 제외되었던 것은 디자인에 초점에 맞춘 흥미로운 소규모 작업들이다. 이 책은 디지털 제작이 어떻게 작용하는지, 건축가들이 사용하는 이유는 무엇인지, 그리고 어떻게 혁신적인 디자인을 이끌어내는지에 관하여 관심 있는 모든 독자 여러분들의 궁금증을 풀어줄 것이다.

배경

오늘날 컴퓨터를 사용하지 않고 건축디자인을 하는 것은 상상할 수 없을 것이다. 컴퓨터는 컨셉 디자인단계에서부터 시공에 이르기까지 건축 공정의 모든 단계에는 사용된다. 3차원 모델링 및 시각화, 스크립트(script)를 통한 형태생성과 변형, 구조 및 열효율 분석, 프로젝트 관리, 생산자동화 등은 건축가들과 건설 기술자들에 의해 활용되어온 디지털 작업의 영역이었다. 디지털 제작은 이러한 과정의 마지막 단계이다. 문자 그대로, 제조 공정을 제어할 수 있는 디지털 데이터를 만들어 사용하는 방법이다. 디지털제작은 컴퓨터 기반 설계(CAD)및 제작 (CAD/CAM)의 영역 안에서, 컴퓨터 기반 기계 설비에 의해 건축재료를 자르고 가공하는 것이라 할 수 있다.

CAD/CAM시스템은 지난 반세기 동안 특히 자동차나 항공기 산업 같은 산업디자인 및 엔지니어링, 제조 산업의 중심이 되어 왔으며, 엔진 블록에서부터 핸드폰의 부품에 이르기까지 3차원 컴퓨터 모델링 소프트웨어가 설계와 가공에 사용되었다. 축소모형의 경우도 고속 프로토타입 제작 기계를 이용하여 컴퓨터 데이터로부터 정확한 물리적 모델로 신속하게 만들어 낼 수 있다. 컴퓨터 모델이 완성되면, 이 데이터는 컴퓨터 기반 가공기계로 보내져 알루미늄, 철, 목재 그리고 플라스틱 같은 재료를 실제 크기의 부재나 주형(mold)으로 정밀하게 가공된다. 이와 같은 자동화된 컴퓨터 기반 프로세스는 단절되어 있던 디자인과 제작 작업을 (상향프로세스와 하향프로세스를) 적절히 제어하여 설계와 최종 구현 사이의 중간 단계를 제거한다. 이러한 기법은 건축가가 보다 자유롭게 설계와 시공과정을 넘나들 수 있는 가능성을 보여준다. 브란코 코라레빅(Branko Kolarevic)은 "복잡한 곡선형의 형태까지는 아닐지라도, 디자인정보를 건설정보로 바로 변환할 수 있는 새로운 능력은 현대 건축의 가장 근본적 측면을 정의한다" 라고 언급했다.[2]

건축가들은 지난 30여 년 동안 디지털기법으로 도면을 생산해 왔다. CAD프로그램은 적은 경험을 가지고도 2차원 도면을 효율적이고 간단히 생산하고 쉽게 수정할 수 있게 했다. 그러나 지금까지, 건물의 디자인 자체는 제작 과정이 아날로그에서 디지털로 변화해온 것에 대응하여 변화되지 못했다. CAD는 평행자와 연필을 대체했지만 건물 디자인 자체는 예전과 다르지 않다. 2차원적 표현기법을 이용한 하나의 형태가 간단히 다른 것을 대체하는 것은 아마도 놀랍지 않은 일이다. 3차원 컴퓨터 모델링과 디지털 제작 기술이 창의적 생각을 고양하고 건축형태와 건설의 한계를 확장시켜 왔으며, 상대적으로 짧은 기간 동안에, 디지털 제작에 관련하여 이러한 활동의 적용범위가 점차 늘어나고 있다.

창의적인 디지털 기법들은 프로젝트의 특성에 따라 몇몇 소수의 건축가와 개발자에 의해 개발되고 적용되어 왔으며, 시공 과정의 혁신과 함께 이루어졌다. Gehry Partners와 자회사 Gehry Technologies의 작업은 이러한 관점에서 핵심적 역할을 해 왔다. 그들에게 있어 디지털적으로 통합된 작업은 복잡한 건물 형태를 구현하기 위한 필수요건이었다.

Gehry 오피스는 CAD/ CAM을 이용한 작업공정의 개발을 1989년부터 시작하였고 디즈니 콘서트 홀의 대한 시공성 검증을 통해 실무에 적용하기 시작 했다. 이들의 작업과정은 일반적인 디자인의 경우와 마찬가지로, 상호작용적이고 비선형적이었다. 초기에는, 디지타이저(digitizer)를 이용해 모델의 표면을 좌표화하고, 그것을 3D디지털환경으로 불러 들여 물리적 모델을 모방했다. 그 후에, 디자인이 미적으로나 시스템적으로 최적화될 때까지 물리적 모델과 디지털 표면 모델 사이를 오가며 발전시켰다. Gehry는 콘서트 홀의 전체 외관의 모델을 만들기 위해, 항공우주분야에서 주로 쓰이는 CATIA(Computer Aided Three Dimensional Interactive Application) 프로그램을 도입하게 된다.[3] 게리는 돌과 유리로 이루어진 건물의 표피를 컴퓨터제어 밀링머신(milling machine)을 이용해 디지털 표면 모델과 일치하는 시제품을 제작했다. 즉, 석재를 조각할 수 있는 디지털 기반 기계를 이용하여 디지털 모델을 물리적 형태로 바로 구현해 낼 수 있었다. 이러한 제작기법은 비용 면에서 형태의 복잡함이나 특이함에 큰 영향을 받지 않으며 제각기 다른 일련의 조각들을 제작함에 있어서도 똑같은 형태의 대량생산에 비해 크게 다르지 않은 비용으로 생산이 가능하다.

2002년에 Gehry Partners는 디지털 프로젝트를 개발하기 위해 Gehry Technologies를 만들었으며, 복잡한 형태의 건축 프로젝트의 특별한 요구사항을 해결하기 위해 CATIA의 기능을 확장시키고 전문화 하였다. 디지털 프로젝트는 건축법규, 기계설비, 구조, 비용절감 측면에서도 많은 부분을 통합시킨다. 현재 Gehry Technologies는 Gehry Partners의 컨설턴트로서 활동할 뿐 아니라 다른 건축가들과 함께 디지털 시공과 관리 업무를 하고 있으며, master builder의 시대에서와 같이, 빌딩과 시공 관리과정의 총감독을 하는 등, 건축가의 역할을 확대하는 혁신적인 모습을 주고 있다. Gehry의 건축사무소뿐만 아니라 노만 포스터(Foster & Partners), 니콜라스 그림쇼(Nicholas Grimshaw), 버나드 프랜켄(Bernhard Franken)과 같은 건축가들 역시 크고 복잡한 프로젝트를 통합적 건설발주방식(project delivery method)의해 수행한다. 그러나 이 책의 초점은 디자인과 건설 산업과의 통합보다는 건축가들이 디지털 제작기법을 활용해 작품의 디자인과 시공을 모두 다룬 경우에 있다.

최근의 활동

우리는 재료와 보편적 제작방식의 확장 가능성에 초점을 둔 풍요로운 건축의 시대를 경험해왔다. 디지털 기법들은 건축의 방법을 근본적으로 바꾸어왔으며, 이러한 디자인 영역을 구축하는 다양한 방향을 제시하고 있다. 이 책에 등장하는 건축가들은 그들의 실험이 1:1 규모에서 탁월할 뿐만 아니라, 새로운 기술의 유동적 잠재력을 디자인 과정에 적극적으로 적용함으로써 디자인을 진화시키기 위해 노력했다. 이러한 접근은 마이클 스픽스(Michael Speaks)가 말하는 "design intelligence"로 정의할 수 있다. "만드는 것은 지식 또는 정보를 창조한다. 생각과 실행, 설계와 제작, 시제품과 최종디자인간의 경계는 모호해지고, 상호작용적이며 그리고 혁신의 비선형적 방법의 일부가 된다." [4] 프랭크 게리와 몇몇 건축가들의 큰 규모의 작업을 통해 본다면, 디지털 환경이 건축가에게 건축의 전 과정을 통제할 수 있는 능력을 부여했다는 것을 알 수 있다. 몇몇의 획기적인 프로젝트들은 이러한 디자인 기법의 연구와 건축가의 새로운 세대를 탄생시키는 역할을 하였다.

1990년대 중반을 시작으로 5년간, 디지털 기술의 활용에 의한 심미적 장점을 명확히 보여줄 수 있는 프로젝트들이 등장하기 시작했다. 빌 매시(William Massie)의 콘크리트 거푸집(concrete formwork), 그렉 린(Greg Lynn)의 와플 유형(waffle typologies), 버나드 캐쉬(Bernard Cache)의 표면조작(surface manipulations)을 포함한 여러 건축가들은 오랫동안 건축의 이러한 시도의 선구자로서 논의될 것이다. 이러한 프로젝트들을 살펴보면, 어느 누구도 그들의 작업이 CAD/CAM을 활용한 전문적, 산업적, 경제적 효과 이외에, 전례 없는 시각적, 재료적, 양식적 결과들을 성취했다는 것을 부인할 수 없다. 다음에 나오는 이러한 독창적인 프로젝트들은 젊은 디자이너들의 상상력을 자극하는 강력한 시각적 인상을 지닌 외형적 모습을 가지고 있다. 이런 초기 프로젝트들은 현재의 디자인 문화에 스며들고 있는 재료를 다루는 기술과 실험적 특성을 알아내고자 노력하는 건축가들의 가장 현저한 성과물이다.

디자인에서 시공으로 연결되기 위해서는, 2D도면과 3D모델의 그래픽 데이터를 변환하여 CNC 공작기(computer-numeric-controlled machine (CNC))가 인식 할 수 있는 디지털 데이터로 변환해야 한다. 이는 건축가가 새로운 언어를 배우는 것을 요구한다. 이 변환과정의 여러 부분은 상대적으로 자동화되고 기계에 특화된 소프트웨어의 이용이 요구되며, 나머지는 디자인의 범위에 속한다. 어떤 기계와 기법을 사용해야 할 지의 결정은 디자인 의도와 기계의 기능적 범위에 따라 결정되어야 한다. 그러므로 기계가 어떻게 작동하는지, 어떠한 재료가 가장 적합한지, 그리고 어느 과정에 이러한 생산과정을 둘 것인가에 대한 결정을 할 수 있는 지식을 갖춘 디지털 건축가가 필요하게 된다.

이와 같은 측면에서, 건축가는 재료의 효과를 만들어낼 수 있는 기법과 구축시스템을 재해석을 하기 시작했다. 건축가들은 정형화되지 않은 제작과정을 통해 건축 재료를 개념적으로 향상시켜 사용할 수 있는 방법을 찾는다. 표면은 건물의 형태를 이루며 매끈할 수도 있고, 확장할 수 있으며, 또는 시공되고, 질감이 살고, 조립되고, 패턴을 표현하고, 치장될 수도 있다. 디지털 제작은 이와 같은 무한한 가능성을 열어두고 있다. 펀칭, 레이저커팅, 워터제트(water-jet) 절단, CNC가공, 다이커팅(die-cutting)등은 단지 이런 디자인의 영역을 가능하게 해주는 자동화된 프로세스의 일부이다.

건물은 2차원적 재료를 합치거나 조작하는 기술에 의존하는 부재들의 일련의 집합으로 이루어져 있다. 디지털 제작은 건축가에게 조직적 반복과 변이를 통해 이런 부착물의 본질이 더욱 가시화되고 인식되게 한다. 요소들의 체계의 미묘한 다양성, 일반적 재료들의 변환과 본능적인 반응, 집약적인 재료 축척의 결과는 건축적 언어의 변환에 의해 디지털적으로 재정의 되어왔다. 이 책에서 보여 주는 프로젝트들은, 디지털 제작 기술과 디자인의 도구로서 재료기법들의 활용범위를 확장하였다. 건축가들은 구축기법과 함께 합성적 표면과 재료의 효과를 동시에 고려했다. 작은 벽화 크기의 복잡한 패턴들, 여과된 빛이나 추상화된 이미지에 의한 환기, 그리고 간단한 건축재료의 집합에 의해 나타난 모든 것들은 매우 뛰어난 결과물들이다.

다음 장에서는 특정한 프로젝트에서 디지털 제작 기술을 습득한 건축가들에 대해 이야기해 본다. 각각의 이야기에서 제작기술의 상세한 과정에 대해서 알아보고, 각각의 장에 언급된 최근의 프로젝트의 특색을 살펴보겠다. 이 프로젝트들은 디자인과 실증적 혁신이 사이의 상호관계를 가진 1:1 크기의 실험에 초점을 맞춘 것들이다. 마지막 결과물은 발전하는 재료와 작업방법을 잘 조화시키는 능력에 따라 달라진다. 각각의 프로젝트가 다른 목표를 가지고 있지만, 작업에서는 디지털적 구현과 실제 제작 사이의 지속적으로 소통을 해야 한다. 여기서 보여주는 주목할 만한 프로젝트들은 작은 규모의 실험과 앞으로 지어지게 될 건물을 위한 기초적 작업을 보여주고 있다.

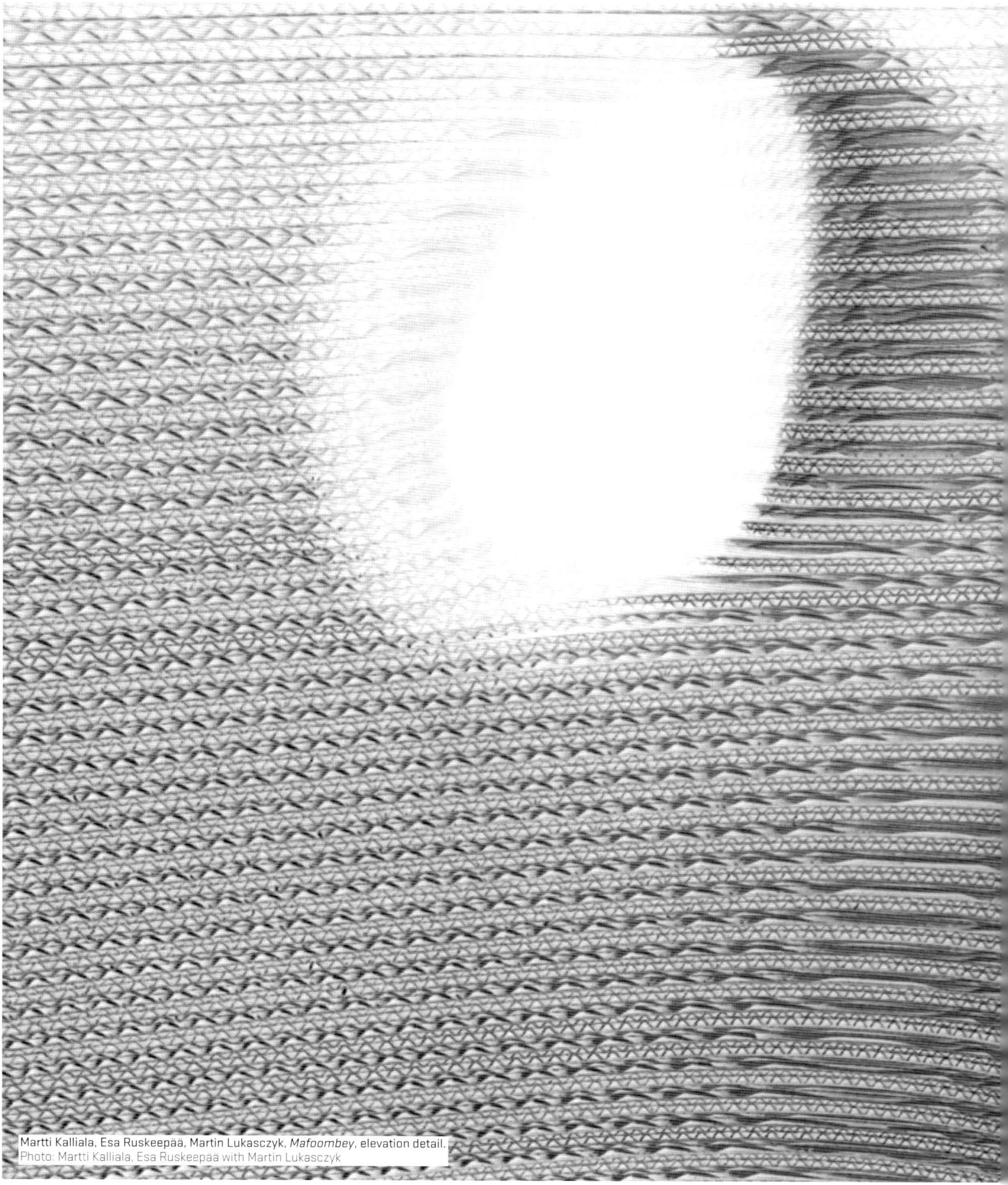

Martti Kalliala, Esa Ruskeepää, Martin Lukasczyk, *Mafoombey*, elevation detail.
Photo: Martti Kalliala, Esa Ruskeepää with Martin Lukasczyk

Sectioning

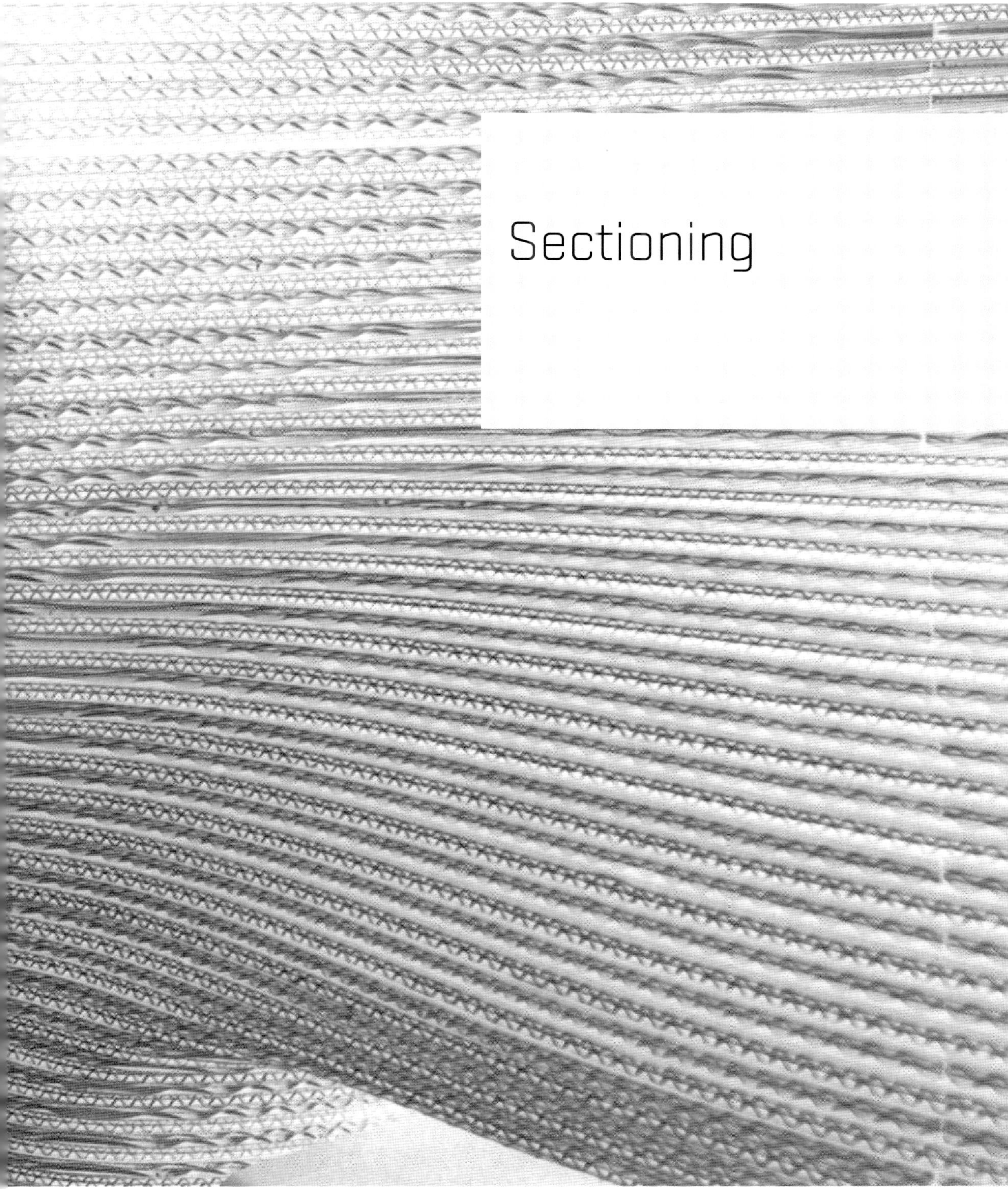

평면도나 단면도와 같은 정투영 도면기법은 건축가들에게 가장 유용한 표현 도구 중 하나이며, 건축가에게 없어서는 안될 의사소통 및 설계도구이다. 정투영적 표현은 디지털 제작기법에 있어서도 필요한 방법이지만, 컴퓨터 모델링으로 형성된 단면은 더 이상 2차원 드로잉기법에서 만들어질 필요는 없다. 실제로, 단면은 더 이상 투영기법에 의한 것뿐만이 아니라 완성된 3차원 형태의 절단작업을 통해서 만들어 진다. 건축가들은 복잡한 기하학적 형태를 디자인하는 데에 sectioning(단면 자르기)을 형태의 흐름을 이해하기 위한 효과적이고 강력한 기법으로서 사용하기 시작했다. 일반적인 시공 프로세스와 같이, 정보는 오직 시공자(Builder)와의 소통을 위해 여러 종류의 표현방식으로 전환된다. 이러한 경우에서는 시공자는 기계이다.

sectioning은 표면 자체를 구성하기 보다는, 표면을 이루는 일련의 기하학적인 선을 따라 경계를 형성한다. 모델링 소프트웨어의 sectioning 또는 윤곽선 명령어로 개체를 지정된 간격으로 평행 단면을 잘라낼 수 있다. 이러한 방식은 효과적으로 일련의 평행적 단면들을 만들어 낸다. 건축가들은 표면과 구조를 동시에 만들어 내기 위한 방법으로써 이러한 단면적인 조립 방식을 실험해 왔다.

sectioning은 분명히 디지털 기술의 영역에 속해있지만, 건설 산업에서 오래 전부터 이용되어왔다. 그것은 일반적으로 비행기와 조선술에서 형태를 구성하기 위한 두 겹의 곡선 표면을 만드는 데에 사용되고 있다. 비행기 몸통과 배의 선체와 같은 구조체는 일련의 구조적 뼈대를 단면적으로 정의한 후, 표면재료로 감싸게 된다. lofting—건축의 구부러진 횡단면 사이에서 외피 또는 표면 패널 모양을 결정하는 방법—디지털 방식으로 소프트웨어에서 lofting과 비슷하다. loft된 표면은 평면적으로 펼쳐지거나 표면을 따라 곡선으로서 단면상에서 기하학적으로 다르게 나타날 수 있다.

이러한 건축 기술은 르 꼬르뷔지에(Le Corbusier)와 같은 건축가들에 의해 디지털시대 이전에 이미 사용되었다. 롱샹교회의 지붕에서 비행기의 날개와 같은 콘크리트 뼈대는 횡단보(crossbeams)에 의해 고정되었다. 지붕의 종이 모델은 내부 구조에 대한 의도를 명확히 보여준다. 이러한 종류의 비어있는 구조에는 분명한 이점이 있다. 이와 같이 콘크리트 쉘(shell)로 이루어진 경량구조는, 외피의 재료를 조절하고 지탱할 수 있는 비정형적 형태의 정확한 모서리 처리가 가능케 한다. 르 꼬르뷔지에는 그의 책 롱샹에서, 디지털 기법에 의한 프로젝트와 유사한 독창적인 구조적 구성방식으로 묘사하였다. "6개의 강한, 수평보, 17 cm. 두껍게, 전부 다른." [1]

건축가 프레드릭 키슬러(Frederick Kiesler)도 새로운 시공기법이 요구되는 건축형태를 만들어 냈다. 실제로 그는 protoblob 건축의 전형적인 인물이 되었다. 디지털 제작의 측면에서, 그의 관련성은 건물 형태보다 "무한한" 형태들을 짓기 위한 기법의 개발에 있다. 이러한 측면에서 키슬러의 노력이 디지털 건축과 상관관계가 있다는 것은 놀랄 일이 아니다. 그의 "끝없는 주택(Endless House)" 의 진정한 유기적 형태는 결코 실현되지 못했지만, 1942년에 완공된 페기 구겐하임의 Art of This Century gallery를 비롯한 여러 프로젝트를 완료하였다. 갤러리는 이용자들의 변덕스러운 인식에 반응하는 건축에 대한 그의 열정을 보여준다. 그림 액자가 곡선 형태의 벽에 맞서 떠있는 상태로 걸려 다양한 관람객들과 상호 소통할 수 있도록 작용한다. 곡면으로 된 벽과 천정의 스케치를 보면, 비행기 또는 다른 기계적 골조들과 닮아 심미적인 단면적 뼈대구조를 드러내고 있음을 알 수 있다. 벽의 곡률은 길이를 따라 일치하고, 르 꼬르뷔지에의 롱샹교회의 뼈대구조와 달리 이것들은 반복된다. 이 프로젝트들의 공통점은 곡면형태의 구조적, 기하학적 형태를 만들기 위해 "sectioning" 기법을 썼다는 것이다. 구조시스템을 노출하는 대신, "sectioning" 기법으로 표면 부재의 적용과 매끄럽게 마감된 형태의 두 가지 목표를 동시에 해결할 수 있었다.

그렉 린(Greg Lynn)은 단면구조를 디지털로 생성하는 디자인 기법을 처음 실험한 건축가중 하나이다. 그렉 린

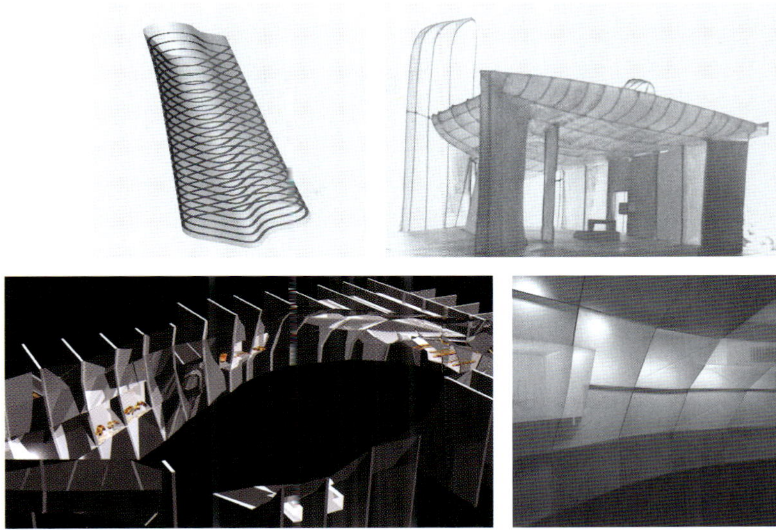

CLOCKWISE FROM TOP LEFT:

Example of cutting sections using contour command in Rhinoceros. Photo: L. Iwamoto

Le Corbusier, Chapelle Notre Dame du Haut de Ronchamp, 1950. Scaled model showing ribbed roof structure. © FLC/ARS, 2008. Courtesy Fondation Le Corbusier

Greg Lynn, Artists Space installation, Artists Space, New York, 1995. Final installation showing lights behind Mylar panels. Photo: Greg Lynn/Form

Artists Space installation. Rendering of sectional ribs. Photo: Greg Lynn/Form

은 1999년 저서인 *Animate Form* 에서 동적인 힘, 흐름 및 조직의 발생이라는 개념으로 건축적 접근법을 만들어 낸다. 디자인을 위한 생성의 매개체로 컴퓨터의 잠재력을 활용함으로써, 그가 주장한 "컴퓨터 애니메이션의 사용이 명백한 형식적 및 시각적인 결과를 낳았다. 예를 들면, 가장 명확한 심미적인 결과는 건축의 외형이 직교 좌표계(Cartesian coordinates)에서UV 벡터 좌표계에 의해 정의된 위상적인 표면으로 바꿨다는 점이다."[2] 이 선언에서 형식적/조직적인 유체이며 디지털적인 디자인이라는 완전히 새로운 방식을 소개하였다.

그렉 린은 *Animate Form*에서 여러 프로젝트들을 애니메이션 건축(animate architecture)의 예제로서 사용한다. 이 책에서 언급된 프로젝트 중 4개는, 3차원 프린터로 제작된 모형으로 1995년에 뉴욕의 "Artists Space" 에서 전시되었는데, 디지털 제작의 영역안에 있는 매우 건축적인 전시였다. 그렉 린은 이 전시회를 실제 크기의 시공을 위한 전 단계로써 계획하였다. 그는 디자인을 교점간의 동적인 상호작용 과정에서 가져온 반면, 실제 시공에 있어서는 간단한 평면적 재료에 의존했다. 초기에는 2차원 플라스틱 판을 컴퓨터로 재단하여 병렬로 늘어선 단면 뼈대로 제작한 곡선의 형태였다. 뼈대들은 지속적인 형태를 만들기 위해 삼각형모양의 마일라(Mylar)패널을 붙인다. 형태를 단면적으로 그리드화하는 것과 그리드와 원래의 부드러운 외피를 tessellation된 표면으로 변환하는 것 모두 실제 시공을 위해 요구되었다. 그러나 시공상의 요구는 곡선 형태로 되어야 할 것의 부분적 표현을 만드는 것 보다 전시를 위한 완전한 시스템을 만드는 것이었다.

디지털 건축의 또 다른 개척자인 윌리암 매시(William Massie)는 단면 자르기(sectioning)기법을 활용한 설치작품 시리즈를 디자인하였다. MoMA/P.S.1의 2002년 젊은 건축가 프로그램의 매시의 당선작 'Playa Urbana/Urban Beach' 는 표면재료의 범위를 확장시켰고 새로운 방식의 시공시스템을 입증하였다. 그것은 레이저로 재단된 강철 지느러미를 노출 PVC 튜브에 부착함으로써, 흐르는 듯한 플라스틱의 투명하고 얇은 선을 이용해 그늘을 만들고 프로그램을 수용하는 공간을 만들어 냈다. 이러한 섬세한 선들은 더욱 넓은 표면을 구현할 수 있

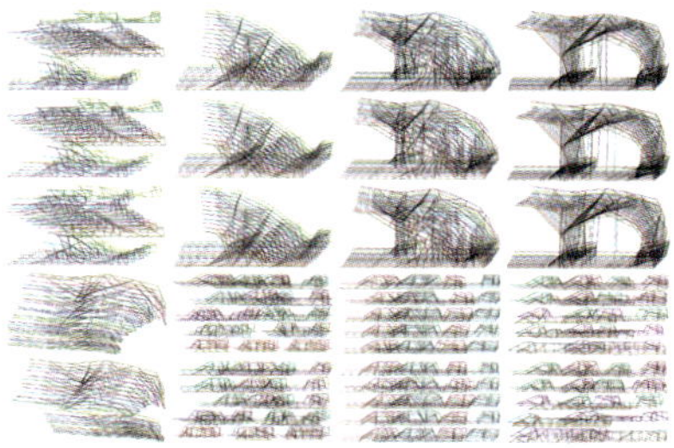

CLOCKWISE FROM TOP LEFT:

William Massie, *Playa Urbana/Urban Beach*, MoMA/P.S.1, Queens, New York, 2002. Photo: William Massie

Playa Urbana/Urban Beach. Detail of steel rib. Photo: William Massie

SHoP Architects, *Dunescape*, 2001. Plot files of cross sections used for construction layout. Photo: SHoP Architects

Dunescape. Installation. Photo: SHoP Architects

는 시공기법이며 그것들을 만드는 디지털 기법을 표출한다. 이 작품에서의 물리적 표면을 이루는 곡선들은 디지털 표면을 형성하는 곡선이나 아이소팜(isoparm: 넙스(Nurbs) 표면을 형성하는UV 좌표값으로 이루어진 연속적인 선)과 동일하다.

매시의 방법은 전통적인 건축재료와 잘 어우러진다. 표준재료는 일반적으로 판(sheet)의 형태로서, 3차원적 건물형태는 이러한 2차원재료를 이용하여 만들어진다. 'sectioning' 의 경우, 시공기술은 (프로젝트에서 이미 설명된 것처럼) 단면적 뼈대구조, 얇은 조각붙이기, 평행적 적층이나 입체적 격자형태의 구조와 같은 것으로 나타난다. 평행적 적층법의 경우, 단면의 빈도는 점점 더 다양한 표면 형태의 변화가 정도에 따라 증가하고 재료의 시각적 밀도의 강화라는 결과를 가져온다. 건축가들은 표면을 형성하기 위해 외형의 윤곽이 이루는 시각적 연속성을 활용하는 'sectioning' 기법으로 형태와 재료의 특성과 구축법의 관계를 병합시키고 인식적으로 발전시켜 왔다.

이러한 병합과 발전의 좋은 예가 Dunescape이다. 이 프로젝트는 매시의 'Playa Urbana/Urban Beach' 보다 1년 전에 MoMA/P.S.1의 젊은 건축가 프로그램에 당선되었다. SHoP Architects에 의해 디자인되고 시공된 Dunesacpe는 평행적으로 적층된 입체적 각목에 의한 건축적 조경이다. 실제 시공에 있어서는 수공작업에 의해 조각조각 자르고 조립하고 조여졌지만, 기법 자체는 디지털 방식으로 이루어 졌다. 첫째로, 디지털 모형은 주어진 재료의 두께에 따라 일정 간격의 단면으로 잘렸고, 그 결과인 여러 개의 단면들은 실제 크기로 프린트되어 템플레이트로서 각각의 각목을 배치하는데 쓰였다. 중요한 것은, SHoP은 이러한 특정한 기술의 가변성, 유연성, 확장성, 신뢰성을 입증하기 위해 똑같은 기술을 공모전에 제출한 스케일 모델을 만드는데도 사용했다는 점이다.

디지털 제작은 더욱 능률적인 건축시공을 가능하게 한다. 레이저 커터기, CNC 조각기, 워터젯, 플라즈마 절단기와 같이 2.5 혹은 3개 축을 가진 CNC 조각기와 같은 제작 기계들은 모두 2차원적 재료들을 절단하기 위해 연속된 선으로 이루어진 "폴리라인(polyline)" 을 사용한다. 다양한 도구들과 연동되는 이 파일은 재료

CLOCKWISE FROM TOP LEFT:

SHoP Architects, *Dunescape*, 2001. Final installation at MoMA/P.S.1., Queens, New York. Photo: SHoP Architects

Preston Scott Cohen, *House on a Terminal Line*, 1997. Laser-cut model. Photo: courtesy Scott Cohen/Cameron Wu

Jakob + MacFarlane, *Loewy Bookshop*, Paris, 2001. Photo: courtesy Jakob + MacFarlane

Álvaro Siza and Eduardo Souto de Moura, Serpentine Pavilion Gallery, London, 2005. Grid-shell lamella structure. Photo: Pietro Russo

의 스케일이나 두께, 크기가 바뀐다고 하더라도, 똑같은 방식으로 작동한다. 이러한 기술의 초기 사용자들은 실제 스케일의 시공을 통해 디지털 모델과 실제 모델을 연결시키기 위한 개념적인 도약을 이루었으며 3차원적 표현방법과 빌딩의 진보된 형태를 포함하는 강렬하고 정교한 건축적 탐구가 활발히 이루어지는 계기가 되었다.

특히 레이저 커터는 모델제작에서 실제크기의 시공에까지 개념적/실질적으로 가능하게 하였다. 대부분의 레이저 커터는 작다. 대부분 가장 일반적으로 사용되는 오토캐드나 어도비 일러스트레이터와 같은 소프트웨어에 의해 작동되며 합판, 아크릴 및 카드보드지와 같은 모형 만드는 재료를 사용한다. 초기에 건축가들은 레이저 절단기를 건물 파사드의 패턴작업, 구조의 일부분 및 건물 디테일 등의 정밀한 모형을 만들기 위해 사용하였다. 그 후에는, 디지털 디자인 소프트웨어와의 연동으로 비정형적 형태를 만들어내고 형태를 구성하는 일련의 연속 단면 형태를 추출해 내며, 이러한 기법을 이용해 새로운 시공기술까지도 생각할 수 있게 되었다.

예를 들어, 프레스톤 스콧 코헨(Preston Scott Cohen)의 주택인 House on a Terminal Line (1998)은 와플구조(waffle construction)를 적용함으로써 개념적으로 대지와 집을 일체화시켰다. 굴절된 조경으로 인식되는 이 프로젝트는 전체가 디지털 모델을 통해 두 세트의 수직 교차된 평행단면에 의해 만들어졌다. 그 평면들은 대응하는 위치점들에서 만나며 결과적으로 격자형태의 와플 구조가 만들어 진다. 와플구조는 더 이상 새로운 것이 아니다. 3차원적 격자형태로서 얼음판이나 방음판과 같은 다양한 목적으로 오랫동안 이용되어 왔다. 궁극적으로 실현되지는 않았지만, 이 프로젝트 역시 이러한 기법이 실제 시공에 적용될 수 있는 방안을 제시하였다. 2001년에, 파리 소재의 Jakob + MacFarlane 설계사무소는 와플 구조를 로위(Loewy)서점의 디자인과 시공에 적용하였다. 'sectioning' 기법은 선반이나 수납장과 같은 구조와 판(sheet) 재료의 활용에 쉽게 적용된다. 다음에 설명하는 다른 설계사무소에 의한 프로젝트들에서는, 와플구조를 만드는 것이 디지털 제작의 영역안에서 일반적 방법이지만, 형태의 다양성을 활용하고 모듈화할 수 있는 고유한 기능 때문에 유연한 기술로써 가치가 있다는 것을 보여준다. 또한, 와플구조는 시공시스템으로써 다양한 크기의 프로젝트를 수용할 수 있고 넓은 범위의 건축재료를 사용할 수 있다.

최근의 프로젝트로는, 격자형 쉘(shell)로 알바로 시자(Alvaro Siza)와 소우또 모우라 (Eduardo Souto de Moura)가 디자인하고 세실 바몬드 (Cecil Balmond)가 구조설계를 맡은 the Serpentine Gallery Pavilion(2005)이 있다. 와플형 격자는 비표준적인 얇은 뼈대구조의 라멜라 트러스(lamella truss)로 변환되었다. 큰 단일 스팬(span)의 낮은 아치형 구조는 겹쳐지는 왜곡된 격자패턴의 장부이음(mortise-and-tenon)으로 상호의존적인 작은 부재들의 연결에 의해 만들어 졌다. 427개 각각의 목재는 컴퓨터 스크립을 통해 파생된 36개의 조절점으로부터 시각화된 독특한 형태를 가진다. 이러한 뼈대 형태는 디지털 파일로 5축 CNC 공작기로 보내져 절단된다.[3] 조적식 아치(Vault)와 같은 지붕은 확장된 버팀목에 의해 지지되고, 형태의 완성시에 압축력으로 인해 모든 부재가 강하게 고정된다. 연속적인 뼈대에 의지하는 전형적인 와플구조와 다르게, 이 구조는 상호간에 의존하는 부재의 집단으로 구성된다. 모든 부재는 한두 사람에 의해 옮겨지고 설치될 수 있을 만큼 매우 간단한 방식으로 시공할 수 있었다. 파빌리온은 Arte Povera 구조에 대한 시자와 소우또의 초기 의도를 유지하며, 수공과 낮은 기술에 의해 시공되었다.

변형된 와플구조의 또 다른 좋은 예로 [c]space를 들 수 있는데, 이 작품은 알렌 뎀시(Alan Dempsey)와 앨빈 황(Alvin Huang)이 디자인하고 시공한 건축협회(the Architectural Association) 공모전 수상작이다. sectioning 으로 쉘(shell)과 같은 형태의 연속적으로 변화하는 곡면을 만들지만, 격자형 쉘과는 다르게 양방향의 뼈대는 불연속적이며 적은 계층적 구조 성능을 가지게 된다.

매우 큰 규모인, 헤르조그와 드뮤론(Herzog & de Meuron)의 Bird's Nest에서는 'sectioning' 이라는 어휘를 비공식성과 불규칙성으로 확장하여 표현해 주었다. 부재의 평행하는 평면으로 만들어 지는 전형적인 'sectioning' 이나 와플 구조와는 달리, Bird's Nest의 구조는 회전하는 대각선의 단면에 의해 정의된다. 사선형 'sectioning' (Diagonal sectioning)은 종횡하는 건물의 기하학적 형태를 만들기 위해 사선으로 잘린 평면을 회전시킨다. 이러한 경우, 단면들은 겹치면서 새 둥지모양의 타원형이 되고, 주요 트러스 구조가 되는 중첩된 패턴을 만든다. 추가되는 선들은 전체 형태에서 나온 단면들로부터 파생되고, 2차 구조와 순환동선이 된다. 건축 스케일에서는 각각의 구성체가 한가지 재료만으로 이루어지지 않으며, 형태를 정의하는 디지털 데이터와 많은 노동력이 요구되는 거대한 구조적 상자를 만드는 것을 요구한다.

사선형 격자구조는 SYSTEMarchitects에 의한 BURST* 주택의 구현에 필수적이었다. BURST* 주택은 주문 제작 부재를 사용해서 만들어지는데, "시공과정의 대부분은 컴퓨터로 이루어지며, 주택의 기하학적인 구조와 개별 부재들—구조적 뼈대, 벽, 바닥—이 만들어 진다, 부재들은 사이트로 보내지기 전에, 정확하게 절단되고 레이블로 넘버링 된다." [4] 이것은 미리 표기된 조각들의 그림퍼즐같이 쉽게 짜맞추기가 가능함으로써 조립과정을 간단하게 한다.이 주택은 건축가들이 "구조적 엮기 (structural weave)" 라고 부르는 사선형 격자와 다이아몬드 모양의 외피형태의 쉘(shell)로 만들어진다. 왜냐하면 뼈대의 패턴이 사선적이기 때문에, 구성체들은 함께 짜맞춰지지 않고 구부러지는 금속판으로 각각의 교차점에서 결합된다. 이러한 방법은 다루기 쉽게 하기 위해 작은 부분으로 나눈 각각의 뼈대를 횡적으로 강하게 묶을 수 있다.

sectioning 기법은 소규모 프로젝트의 시공을 위한 기술로서 발전해 왔다. 어떤 경우에는, sectioning 기법을 이용한 시각적 이미지와 디지털적 과정이 예상된 결과를 가져 오며, 이 기법은 구축방법이나 재료의 속성을 활용하기 위한 열망에 의해 확장된다. Mafoombey가 그러한 프로젝트 중 하나인데, 헬싱키 공대 학생인 Martti Kallia, Esa Ruskeepaa, Martin Lukasczyk가 공동으로 디자인한 공모전 수상작으로, 음악을 경험하는

FROM LEFT:

Herzog & de Meuron, Olympic Stadium, Beijing, China, 2006–8. Diagonally sectioned structural diagram.
Photo: courtesy Harini Rajaraman, John Voekel, Brian Coffey, Georgia Lindsay

Frank Gehry, Easy Edges, 1969–73. Laminated-cardboard furniture series.
Photo: Nelson Lau

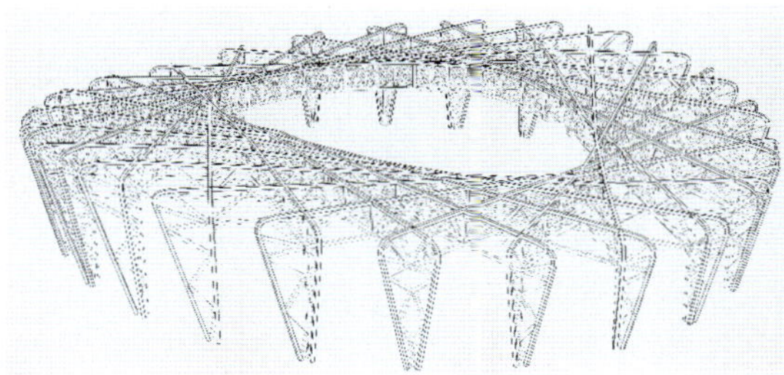

구조적 공간이다. 이 프로젝트의 가장 중요한 측면 중 하나는 경제성이다. 일반적으로, 적층기법은 표피로 둘러싸인 볼륨을 만드는 것 보다 더 많은 재료가 필요하다. 하지만 Mafoombey의 단면 디자인에서는 거주 공간, 프로그램, 음향 성능에 따라 재료의 두께를 적절히 조정하였다. 내부는 전자기기와 인체를 담기 위한 기하학적 공간을 생성하기 위해 절개되었다. 이와 같은 학생작품은 프랭크 게리(Frank Gehry)의 카드보드지로 만든 Easy Edges 시리즈와 같이, 비정형적 공간생성을 통해 저렴한 재료를 미적으로 고양시킨 좋은 사례이다. 전체 볼륨에 대한 카드보드지의 얇은 두께는 면의 미묘한 변화를 가능케 하고, 그것은 시각적으로 매끄럽고 관능적인 내부를 만든다.

sectioning은 이와 같은 디지털적으로 구현된 형태의 시공을 가능케 한다. 복잡한 기하학적 형태일지라도 적절한 크기의 재료를 사용함으로써 디지털모델에 가깝게 재현할 수 있다. 3차원 모델과 최종결과물 사이에서의 조절은 디지털제작의 가장 큰 이점 중 하나이며, 이러한 목적을 위해 확장된 기능을 가진 프로그램을 건물 정보 모델링(BIM: building information modeling)이라고 한다

건축물은 도면에 나타난 모습대로 구현되나, 드물게는 최종결과물의 형태가 도면에 나타난 디자인과 다르게 만들어 진다. 그럼에도 불구하고, 가상에서 실제까지의 경로는 지속적인 잣대로 쓰인다. 재료적 특성, 시공 순서, 날씨, 사용 가능한 도구, 그리고 많은 다른 요인들이 건축 형태의 실현하는데 있어서 필수적인 역할을 한다. 아마도 당신은 최종결과물을 만들어 내기 위해 이러한 재료와 시공적 제한들을 활용하는 많은 흥미로운 디지털 제작 프로젝트들을 목격할 수 있을 것이다. 왜냐하면, 이러한 디자인의 본질은 매우 즉흥적이기 때문에, 1:1 스케일의 디지털 제작에 관한 연구의 많은 부분이 젊은 건축가들과 교수들의 지도아래 학생들에 의하여 학교에서 이루어진다. 이러한 맥락에서, 최종 시공단계까지 디자인, 재료, 제작 그리고 조립을 의도적으로 융통성 있게 유지한다. 우연한 "사고"가 새로운 통찰력과 의도하지 않은 디자인 결과를 초래하는 것과 같이, 디자인—시공의 과정은 실험을 발전시킨다.

조지아 공대 건축디자인학부의 Ventulett Distinguished Chair로 있는, Office dA의 대표 모니카 폰세 데 레온(Monica Ponce de Leon)과 네이더 테라니(Nader Tehrani)는 2004년부터 2006년까지 디지털 디자인과 부재 조립사이에서 발생하는 상충에 대해 연구하는 스튜디오를 지도하였다. 결국 학생들로 이루어진 팀이 1:1 크기의 설치작품을 만들어 냈다. 2005년도 프로젝트 중 하나인 (ply) wood Delaminations은 이러한 작업의 시작점으로써, 평행적 sectioning 기법을 이용하였다. 조지아 공대 건축대학 건물에 있는 복층의 아트리움에서 CNC로 가공된 합판의 줄기들은 중간층과 바닥면으로 장착되기 위해 갈라지며 쏟아지듯 내려온다. Mafoombey 같은 프로젝트들은 단단한 구조를 만들기 위해서 연속적인 적층기법을 사용하는데 반해 (Ply)wood Delaminations는 다공성 표면을 만들기 위해 수직적 뼈대들이 간격을 가지고 배치된다. 시공상에 어려운 점은, 짧고 분리된 부재의 조합으로 넓은 표면의 연속성을 유지해야 한다

는 것이었다. 대부분, 뼈대들은 미리 잘라놓은 구멍을 통해 강철막대로 이어져 일정간격을 가지게 된다. 나무의 유연성과 가늘고 긴 부재의 구부러지는 성향은 작품의 하부에서 부재간의 묶음으로 인해 눈(eye)모양의 불규칙적인 열린 공간을 만들어 낸다. 이러한 방법은 부재와 전체적인 형태 사이의 규모에서 전체적인 구조에 하나의 새로운 차원을 추가한다. 테라니(Tehrani)의 지도 아래 다음해에 완성된 프로젝트인 A Change of State는 유연한 재료와 디지털 시공간의 관계를 확장시킨다. 이 디자인은 플라스틱의 유연성을 활용하여 겹으로 적층(stacking)되고 선이 살아있는 상태부터 긴 조각들을 묶어 곡선을 생성하는 것까지 다양한 효과를 만들어냈다.

sectioning 기법을 유연성 있는 재료에 유사하게 적용시킨 Digital Weave는 2004년 UC Berkeley의 대학원생들이 디자인하고 시공하였다. 디자인은 방사패턴으로 단면화된 단순한 디지털 모델을 수직적 뼈대구조로 만드는 것으로 시작되었다. 그 다음으로, 뼈대의 윤곽은 실제크기의 시험제작모델에 대응되도록 다듬어졌다. 디자인의 초기 과정에서 제작된 접이식 구조의 시험제작모델은 시공 가능성과 구조적인 안전성을 측정하기 위해 만들어졌다. 그리고 아코디언과 같이 생긴 구조물은 점선 절단으로 각각의 뼈대를 세로로 자르고 번갈아 가며 벌려서 제작되었다. 마지막 단계에선 투명한 아크릴 압착 봉을 사용하여 뼈대를 확장시키고 전반적인 볼륨감을 살렸다. 뼈대구조는 압축력과 마찰력에 의해 장소에 고정되고, 분리와 이동을 위해 쉽게 제거된다. 비록 학생들이 디지털 모델과 실제 크기의 모형 사이에서 최적화된 기하학적 형태를 찾았다고 하더라도, 최종결과물은 형태를 만들기 위한 재료의 변형을 고려한 것이다.

이 프로젝트는 시공상의 어려움을 고려하여, 단면모양을 부재에 적용시키기 위해 면밀히 계획된 시공단계를 보여준다. 왜냐하면 단면모양이 서로 평행하지 않기 때문에, 뼈대가 먼저 회전되고, 연속적인 평면 위에서 이동하며, 순차적으로 자리잡게 된다. Mafoombey의 뼈대로 만들어진 공간과는 다르게, Digital Weave처럼 뼈대 사이의 간격이 넓은 구조는 각각이 다음에 위치한 뼈대와는 확연히 다르게 되는 결과를 보여준다. 뼈대들은 내부와 외부 가장자리에, 옆의 부재와 서로 잘 맞을 수 있도록 한 쪽 면을 따라서 리벳으로 고정되어야 했으며, 각각의 뼈대들은 변형된 전체적인 형태의 독특한 윤곽을 만들어내기 위해 다시 수정되어야 했다. 학생들은 뼈대구조를 발전시키고, 뼈대가 펼쳐질 수 있도록 미식축구공 모양의 구멍을 내부에 만들어 내며, 그리고 뼈대를 펼치기 위한 모든 리벳 구멍을 디자인하기 위한 작업을 AutoCAD에서 진행하였다. 뼈대들은 물결모양의 플라스틱 판재에 맞추기 위해 크기 120 X 150cm의 템플레이트에 배치되고 CNC water jet 절단기에 의해 제작되었다. 후속 조립은 각 뼈대가 water-jet 절단기에서 나오는 것만큼 빠르게 진행되었다. 조립준비가 완료된 뼈대들은 리벳으로 쉬운 운반과 분해를 위해 10개씩 묶였다. 마지막으로, 뼈대들은 합판바닥의 구멍에 끼워지고 압축막대에 의해 벌려져 볼트로 접합되었다.

이 장에서 언급하는 프로젝트들은 시공 기술로서 "sectioning" 기법의 다양성을 충분히 보여준다. 적층, 다층, 격자체계와 같은 구조의 단순함은 광범위한 시공적 해석으로의 문을 활짝 열게 해주었다. 궁극적으로, 이와 같은 방법들은 각각의 작품들이 디지털로부터 물리적인 단면화로의 선형적 변환을 초월하게 하는 재료와 기법의 '낯설게 하기(defamiliarization)' 이다. 과정에서의 보정은 건축가가 디자인에 있어 무한한 가능성을 가질 수 있도록 한다.

All photos: IwamotoScott

Digital Weave
University of California, Berkeley/Lisa Iwamoto, 2004

"Digital weave" 는 샌프란시스코 현대 미술관 증축(the San Francisco Museum of Modern Art Contemporary Extension)을 위해 디자인되었다. 이 프로젝트는 매우 극적인 "일시성(temporality)" 의 제약을 가지고 있었다. 단지 하루만 전시되었고 설치와 해체를 단 몇 시간 만에 해야만 했다. 일시성을 가지는 구조물을 만들기 위해서 시공기법과 재료에 관한 면밀한 조사와 연구가 필요하였다. 이 프로젝트는 엄격한 시간적 제약조건을 충족시키기 위해 개념과 시공 전략에 있어 CAD/CAM기술을 사용하였다. Digital weave는 UC버클리 대학의 대학원 디자인스튜디오에서 5주 프로젝트로 완성 되었으며, 아코디언의 주름과 같이 팽창과 수축이 가능한 구조로 계획되었다. 짧은 시간에 각각 9.7, 5.5, 3.3m 크기를 설치해야 했기 때문에 압축성은 디자인의 핵심이었다. 감싸진 볼륨은 두 개의 에워싼 실내 라운지 공간을 형성한다. 이것은 저렴한 반투명한 물결모양의 플라스틱 사인(plastic sign) 소재로 끼워져 있는 알루미늄 판을 리벳으로 고정하여 엮은 뼈대로 만들어 졌다. 뼈대들은 퍼즐과 같은 합판바닥에 끼워지게 되며, 모든 조각들은 컴퓨터로 조작하는 water-jet 절단기로 재단되었다. 이러한 기술로 인한 정밀도로 뼈대 조직은 어떤 기계적 조임장치 없이도 부재들을 자연스럽게 맞출 수 있었다. 할애된 공간의 크기보다 커 보이는 공간을 만들려는 의도는 프로젝션(영상투사)으로 이루어졌다. 임시적이지만 복잡한 작품의 성격은 나름대로 독특한 분위기를 만들어 냈다.

1

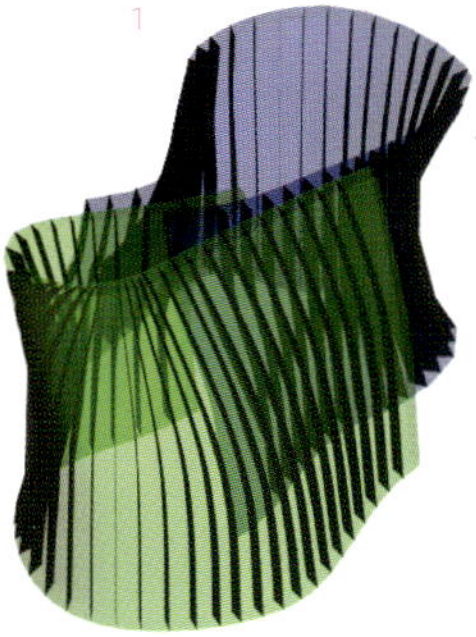

2

3

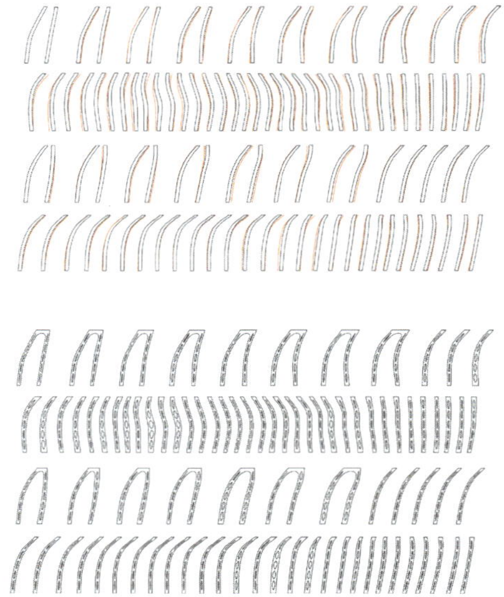

UC Berkeley students with Lisa Iwamoto, *Digital Weave*, 2004.

1 Rhinoceros model of overall surface enclosure.
2 Section cuts shown in plan.
3 Ribs extracted and translated into AutoCAD. Original rib profiles and adjusted profiles in red match adjacent rib edge.
4 Rib profiles laid out on four-by-eight-foot templates for water-jet cutting.
5 Final full-scale mock-up.
6 Full-scale mock-up testing acrylic compression struts.
7 Water-jet cutting at Lawrence Berkeley National Laboratory Design and Engineering shop.

4

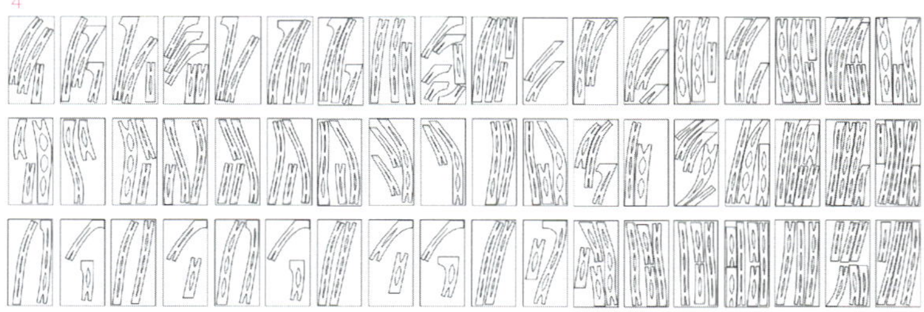

5

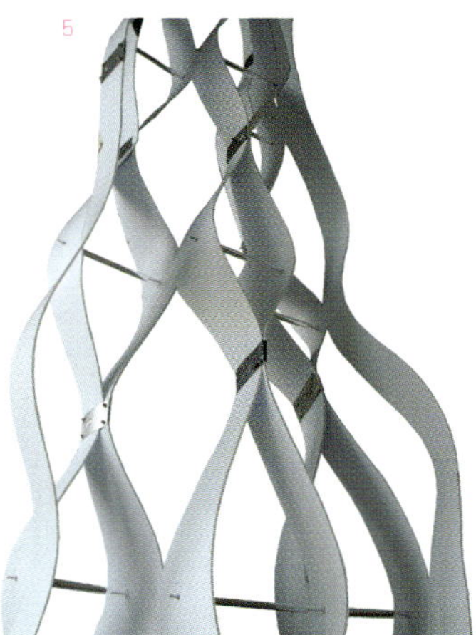

6

7

8

8 Assembly of ribs into expanding accordion-like system.
9 Portion of woven rib surface expanded using acrylic compression struts.
10 Trial setup of *Digital Weave* in studio at UC Berkeley.
11 Plan of floor divided into sections for transportation.
12 Floor sections laid out on four-by-eight-foot templates for water-jet cutting.
13 Detail of floor edge with slots to insert ribs.
14 Floor assembly.
15 Project assembly.

9

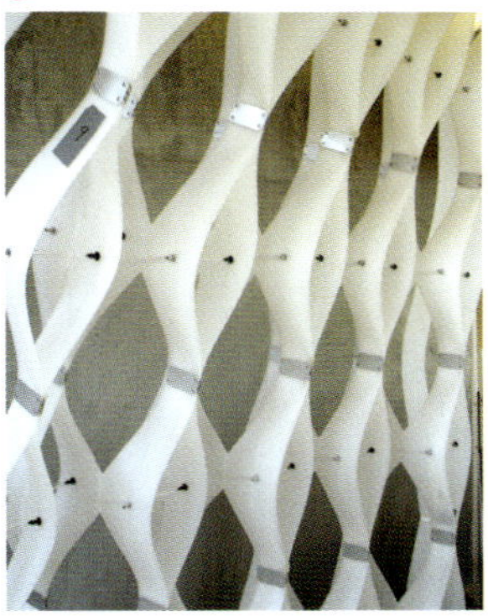

10

11

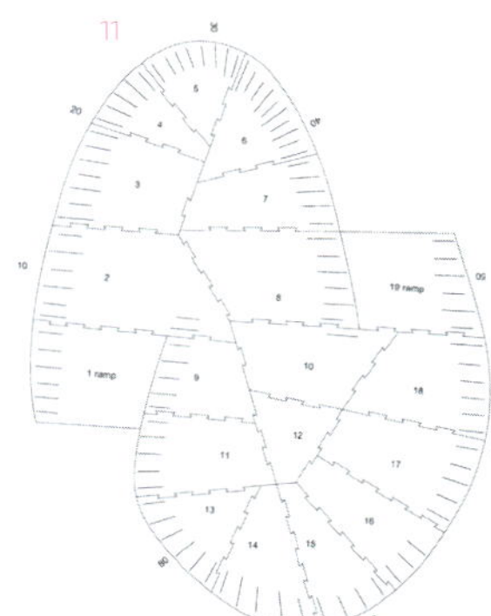

12

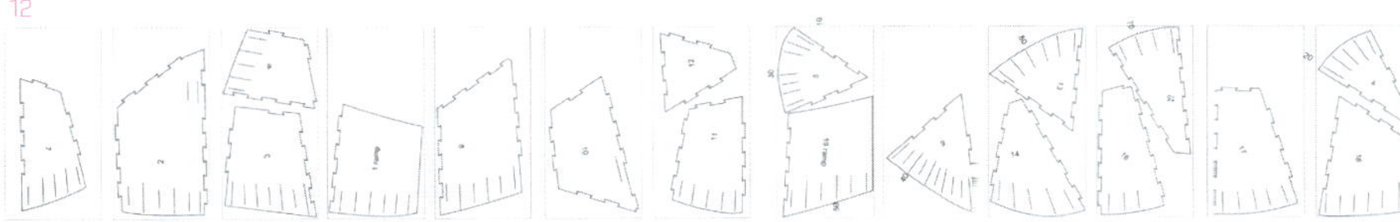

13

14

15

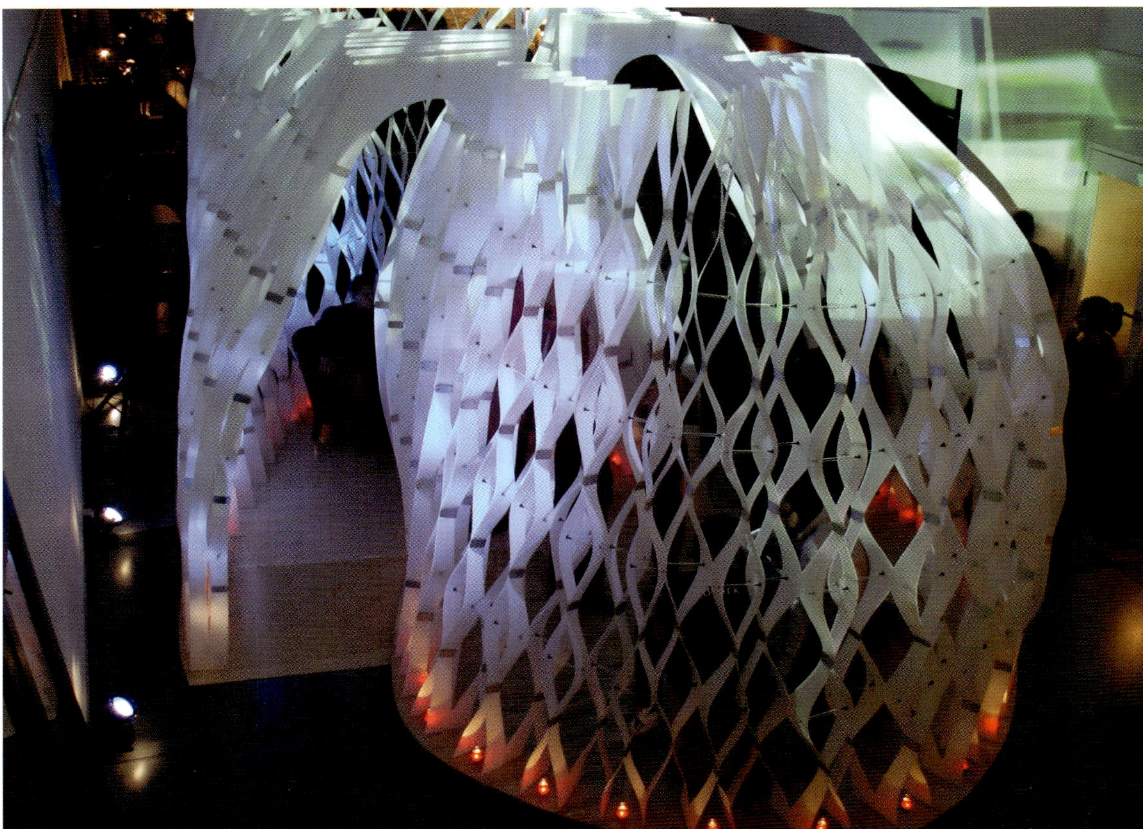

Photo: Timo Wright

Mafoombey
Martti Kalliala, Esa Ruskeepää, with Martin Lukasczyk, 2005

Mafoombey는 2005년 헬싱키의 University of Art and Design에서 개최된 디자인 콘테스트에서 수상한 작품이다. 공모전에서는 간단히 음악을 듣고 경험할 수 있는 250m² 크기의 공간 디자인을 요구했으며, 이 프로젝트는 3D소프트웨어와 축소 모델로 실행되었다. 이 디자인은 적층된 재료를 입방체 모양 안에서 비정형형태로 잘라내어 동굴 같은 공간으로 만드는 간단한 건축적 개념으로 되어 있다. 다층구조로 인해 나타나는 저해상도의 형태와 무게에 대한 인식은 핵심이슈로 다루어졌다. 다양한 재료에 관한 연구를 통해 저렴한 비용과 우수한 음향을 위해 최적안으로 골판지를 제안하게 되었다. 이 소재는 강한 심미적인 매력을 가지고 있을 뿐더러, 디자이너가 이런 규모의 프로젝트에 사용된 적이 없다고 생각하는 것이었다. Mafoombey는 7mm 두께의 골판지 360장과 절반크기 720 장으로 만들어졌다. 2.5 X 1.25m 크기의 골판지를 하나씩 컴퓨터 제어 절단기를 이용해 하나씩 잘라냈다. 이 구조는 고정을 시키지 않고 사하중(死荷重)으로 버티는 형식이다. 이러한 경량 조립 구조는 상대적으로 쉬운 운송과 신속한 시공을 보장해준다.

ABOVE: Assembly and finished exterior. Photos: Timo Wright
BELOW: Program and equipment void diagram sections.

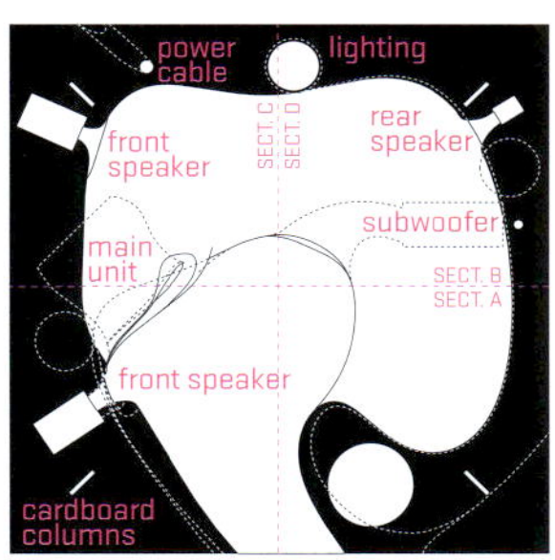

FLOOR PLAN +1400mm

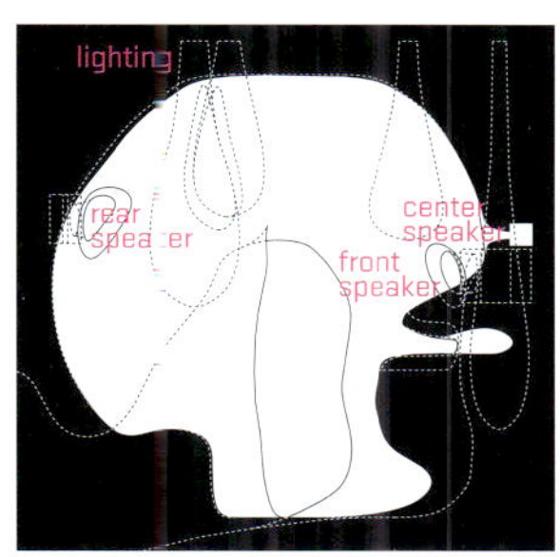

SECTION A

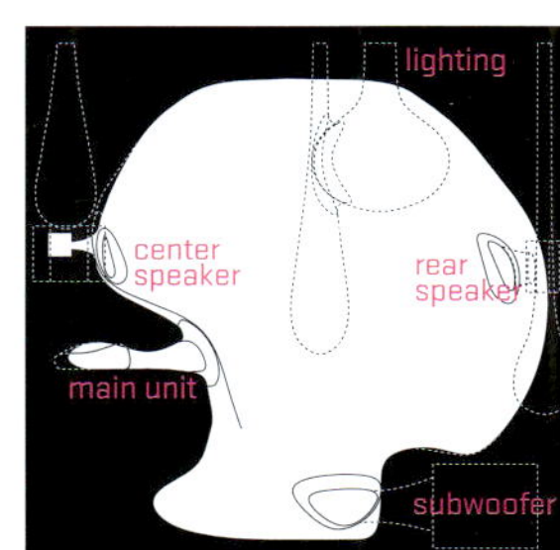

SECTION B

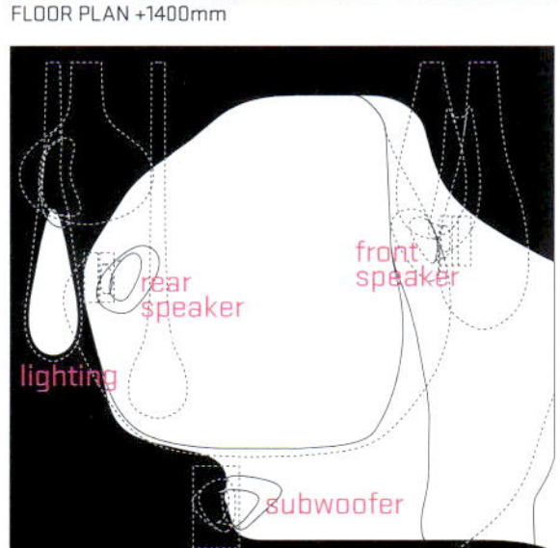

SECTION C

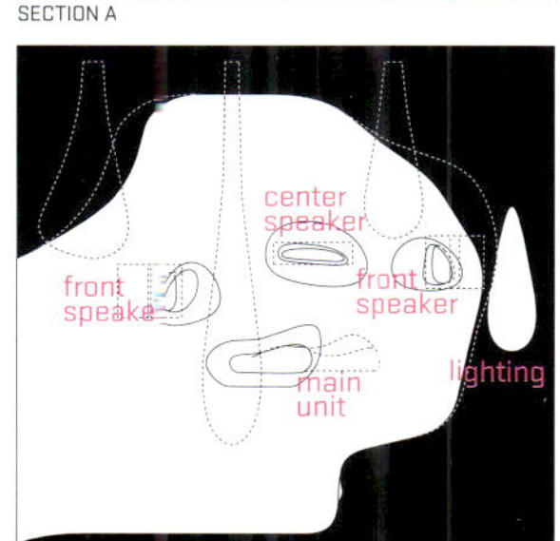

SECTION D

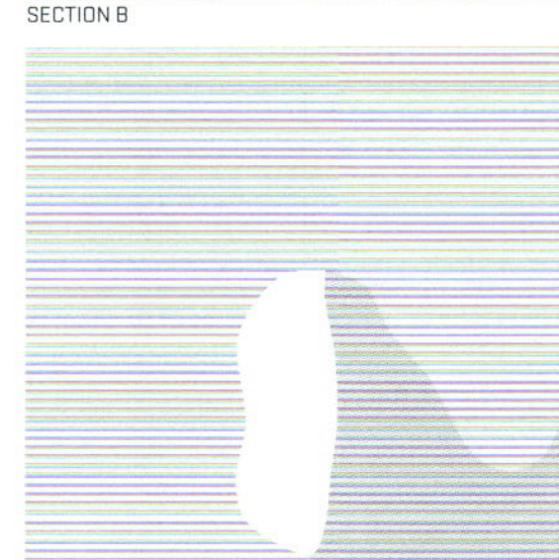

FRONT ELEVATION

Photo: Jukka Uotila

ABOVE: Detail of surface. Photo: Timo Wright
LEFT: Section templates.
BELOW: Axonometric diagram of interior voids.

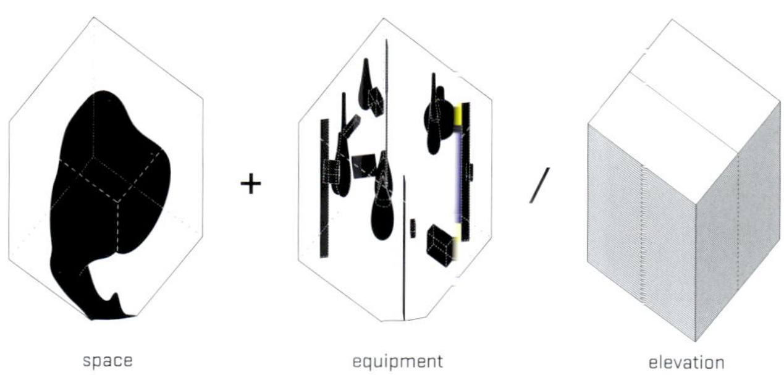

LEFT: View from second-floor mezzanine.
OPPOSITE TOP: Installation.
OPPOSITE BELOW LEFT: CNC-milled lap joints.
OPPOSITE BELOW RIGHT: Diagram of lap joint.
All photos: Phil Jones

(Ply)wood Delaminations
Georgia Institute of Technology/ Monica Ponce de Leon, 2005

(Ply)wood Delaminations은 2005년 모니카 폰세데레온(Monica Ponce de Leon)이 조지아 공대의 건축대학장으로 가르친 디지털 디자인빌드(Design/Build) 수업의 결과물이다. 이 프로젝트는 학교의 훌륭한 자원 중 하나인 목재 제품 연구소(Advanced Wood Products Laboratory)의 시설을 통해 이루어졌다. 이 연구소는 목재 제품의 활용범위를 확장할 수 있는 다양한 CNC 장비를 연구자에게 제공해 주었다. (Ply)wood Delaminations은 건물 내 중심 아트리움의 극적인 수직 공간을 위해 계획되었고 구조와 더불어 의자와 같은 기능을 제공할 수 있도록 특정 층에 갈라지며 부착되었다. 전체 형태에서 단면적으로 갈라져 있지만 수직적으로는 서로 꿰매어진 듯이 서로 붙어 있다. 홈으로 맞춰지는 랩조인트(Lap joint)는 비교적 매끈하고 강한 전단연결을 제공한다. 볼트구멍과 파인 부분, 랩조인트 부위를 가지는 각각의 부재는 1.2m x 2.4m 합판으로 실험실의 CNC 조각기를 이용해서 가공되었다.

DD
23
DD
50

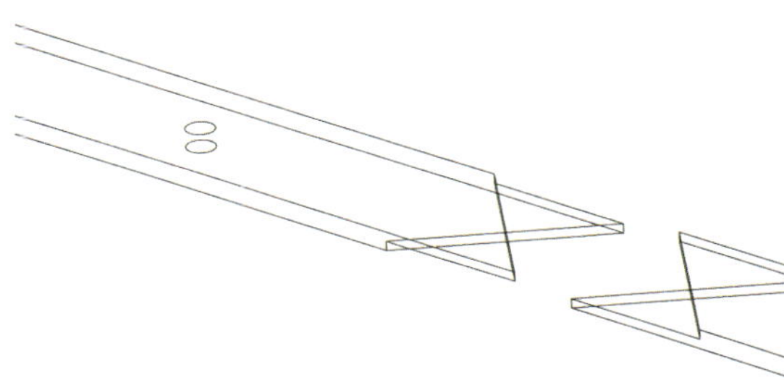

Photos above and opposite above: Office dA
Photo opposite below: Phil Jones

A Change of State
Georgia Institute of Technology/Nader Tehrani, 2006

이 설치작품은 건축디자인학과에서 네이더 테라니(Nader Tehrani)가 Ventulett Distinguished Chair로 재직할 당시 몇 명의 학생들과 1년간 연구한 결과이다. 이 프로젝트는 2차원적 재료에 한정된 제작기법으로 3차원적 설치작품을 제작하는 것이 주된 작업이었다. 근본적 목표는 판재의 잠재적 가능성을 구조적, 공간적, 프로그램적, 현상적 차원으로 이끌어내고 유기적으로 구성할 수 있는 기술을 발전시키는 것에 있었다. 기술적인 측면에서, 이 프로젝트의 가장 중요한 점은 선직면 [線織面, ruled surface] 에 의해 2차원적 표면이 3차원적으로 인식되는 것이다.

설치상의 여러 가지 문제점 중에, 구조적인 해결책이 가장 중요한 부분이었다. 아이디어는 변형이 가능한 기하학적 코드를 통해 적절한 구조적 유형들을 찾을 수 있는 기술을 개발하는 것에 있었으며, 기하학적 코드의 목적은 연속적인 논리 내에서 다양성을 수용하도록 하는 것이었다. 구조상의 변형을 창출하기 위한 기하학적 단위의 논리는, 표면의 회전과 함께 꼭지점의 삽입과 제거를 기반으로 하였다. 결과적으로 물이 얼음, 증기, 또는 눈으로 바뀌는 것과 같은 방법을 모방하여, 위상의 변화를 만들어내는 기법이 개발되었다.

ABOVE: Detail of connections.
BELOW: Final installation showing transition from stacked to expanded system.

All photos: Valerie Bennett

[c]space
Alan Dempsey and Alvin Huang, 2008

이 파빌리온은 Architectural Association's Design Research Laboratory의 10주년을 기념하기 위하여 디자인되고 시공되었다. 공모전에서 요구했던 것은 건물외피에 주로 쓰이던 13mm두께의 섬유보강콘크리트(fiber-reinforced-concrete) 패널을 활용하여 10 x 10m의 임시 파빌리온을 만들 수 있는 혁신적 구조의 제안이었다.

파빌리온은 비연속적 쉘(shell) 구조로, 10m가 넘는 얇은 섬유보강콘크리트(fiber-reinforced -concrete)를 펼쳐 구조, 외피, 바닥과 벽 그리고 가구를 만들었다. 개발기간 동안 여러 번 시제품을 만들고 테스트를 거침으로써 디자인은 재료의 기술적 한계를 한 단계 끌어 올렸다. 윤곽을 형성하는 분리된 부재들을 결합하여 인장력을 키웠으며, 교차부위는 주문 제작된 고무 개스킷(gasket)을 이용하여 결합되었다. 구조 전반에 걸쳐 각각의 결합점의 각도는 지속적으로 변화한다.

모든 디자인 프로세스는 3차원 디지털 그리고 물리적 모델링으로 수행되었다. 850개의 서로 다른 프로파일과 2000여 개의 접합점들은 명확한 규칙에 근거한 모델링과 스크립트를 이용하여 제어하였다. 부재들은 최종적으로 디지털 모델로부터 바로 생성되었으며, CNC 조각기와 13mm 두께의 콘크리트 판, 15mm의 철판이 이용 되었다.

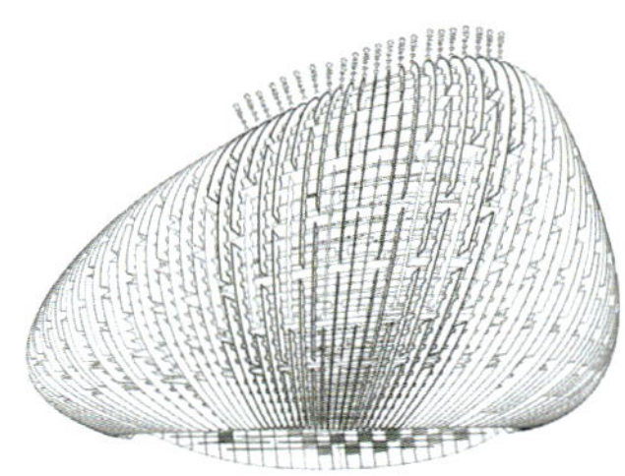

ABOVE: Plan. BELOW: Digital model describing continuous and discontinuous ribs. Analysis: Adams Kara Taylor

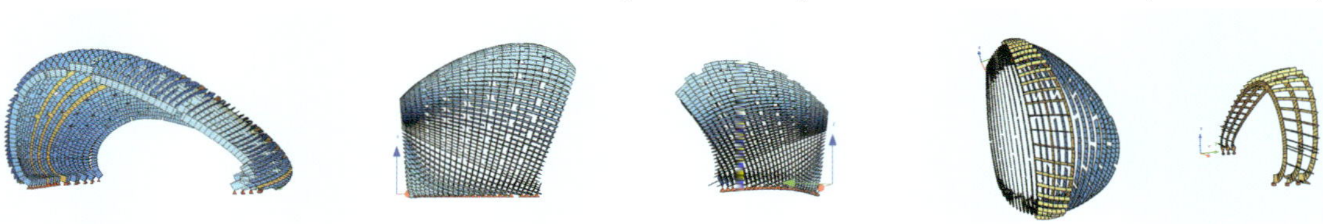

All photos: floto+warner studio

BURST.003*
SYSTEMarchitects, 2006

BURST*는 부품키트와 유사한 조립식 주택이다. 각각의 맞춤식 공간과 외형을 만들며, 각기 다른 제약조건에 대응할 수 있는 건축형태를 구현하기 위해서 건축부재의 여러 조각을 이용하여 주택을 만든다. 대량생산을 하더라도 집을 주문한 사람의 요구사항에 맞도록 박스의 배열 변화를 통하여 다양한 형태로 변형이 가능하다. 각각의 BURST* 주택은 환경, 대지조건, 방향, 주택 소유자의 요구에 따라 특별한 공간과 형태를 만들 수 있는 잠재력을 가지고 있다. BURST*의 조립식 기법은 지역의 저가시공방식만으로 다양한 건축형태의 구현이 가능한 컴퓨터 기술을 이용하기 때문에 각각의 주택 소유자의 요구사항과 특징에 따라 적절히 대응할 수 있다.

주택외관, 각각의 구조부재, 벽, 바닥 등의 기하학적 형태와 같은 시공과정의 많은 부분이 컴퓨터에 의해 이루어진다. 이러한 요소들은 기계에 의해 정확히 가공되고 번호가 매겨져 사이트로 보내진다. 이는 그림 맞추기 퍼즐과 같이 조립과정이 매우 간단하다. 현장에서는 숙련된 사람이 아니더라도 상당히 짧은 시간 안에 조립할 수 있다. 배송된 구조물들은 집의 골격을 이루기 위해서 정해진 위치에 세워진다.

BURST* 시스템은 조립식 기법(prefabrication)이 건물의 구성재료 자체에 머무는 것이 아니라 재료간의 조립과 관계성뿐 아니라 실제 건축물의 크기에 있다는 것을 보여준다. 정확한 절단과 연결매듭의 조합은 조립방식과 부재간의 관계뿐 아니라 건물요소자체의 특성을 변형한다. BURST* 주택 시스템의 정밀하게 재단된 합판과 정확한 연결지점은 마치 기워진 것 같은 프레임간의 조립을 가능케 한다. 이러한 시공 시스템은 구축 방법은 끊임없는 변화하는 현대건축에 충분히 감각적으로 대응하고 활용된다.

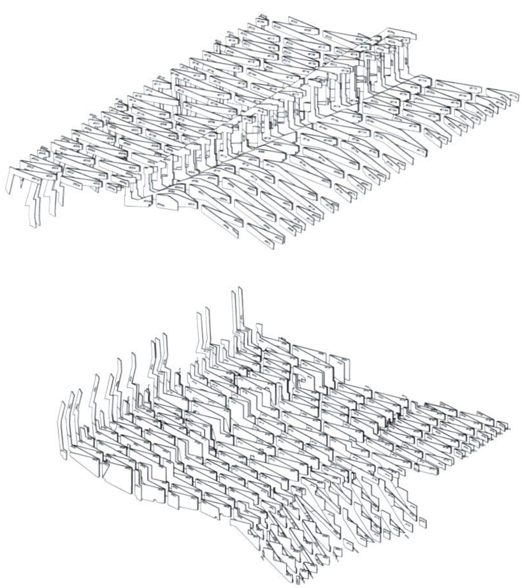

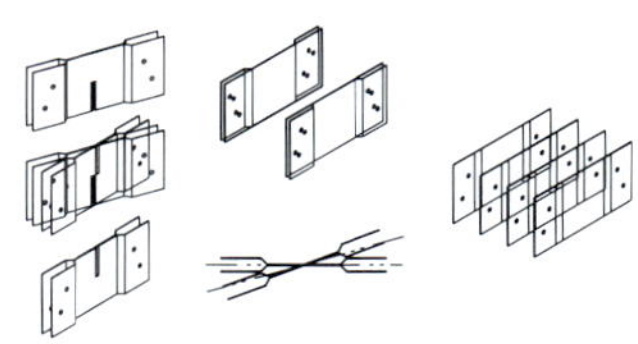

LEFT: Diagrams of constructional and wrapped surface systems.
RIGHT: Diagram of diagonal connection detail.

MOS, *Huyghe + Le Corbusier Puppet Theater*, Carpenter Center for the Visual Arts, Cambridge, Massachusetts, 2004. Photo: Michael Vahrenwald

Tessellating

tessellation(테셀레이션: 모자이크 방식, 쪽매맞추기)은 하나의 평면이나 표면의 형태를 이루는 빈틈 없이 결합되어 있는 조각의 모음이다. 빈틈없는 퍼즐의 조각과 같이, tessellation 기법은 가상적으로 어떠한 형태든지 만들 수 있다. 모리츠 코르넬리스 에셔(M.C. Escher)의 그림에서 나타나는 기하학적 패턴은 tessellation의 하나의 예로 언급된다. 이 용어의 의미는 건축에서는 빌딩의 타일 패턴과 디지털에서는 메쉬(mesh) 패턴으로 정의 될 수 있다.

tessellation은 고대 로마와 비잔틴 제국의 모자이크나 이슬람양식 건축물의 스크린 벽 또는 고딕 성당의 스테인드글라스 창에서 찾아 볼 수 있다. 이러한 장식적인 표면은 빛을 거르고, 공간을 정의하고, 추상적인 문자표현을 통한 상징적인 의미로 쓰였으며, 오늘날의 건축에서도 유사한 목적으로 이용되고 있다. 초기의 예시들은 손으로 제작되었기 때문에, 전체적인 패턴은 작은 부재들을 하나씩 조립하여 디자인이나 이미지로 만드는 것이 일반적이었다. 이와 같은 작업은 엄청난 시간이 드는 작업이었지만, 집약되어 온 기술로 인해 거대한 형상적, 심상적, 색조적, 그리고 기하학적인 다양성으로 발전되어 왔다.

디지털적인 작업은 하나의 표현형식을 다른 형식으로 쉽게 변환시킬 수 있다. 예를 들어 디지털 모델을 실제 생산을 위한 벡터기반 형식으로 쉽게 변환 가능하다. 디지털 기술은 디자인 분야에 있어 이러한 패턴 만들기와 tessellation 기법에 대한 새로운 활력을 불어넣어 왔다. 디지털 기술은 새로운 제작기법을 통해서 경제적인 효과와 더불어 무한한 다양성과 변화를 가능하게 하기 때문이다. 이러한 일련의 변환방법은 하나의 디자인 형식을 다른 형식으로 전환하는 작업을 현저히 줄이면서 더욱 유연한 제조 과정을 가능케 한다.

모자이크, 벽돌벽, 스테인드글라스 창 그리고 패널로 이루어진 건물의 파사드는 모두 tessellation으로 정의될 수 있으며, 디지털 디자인에서는 면을 형성하기 위한 다각형 메쉬로 이루어진 하나의 혹은 두 개의 겹쳐진 곡선으로 정의 될 수 있다. 일반적으로, 곡면은 평면보다 더욱 복잡하고, 많은 시공 비용이 들어가는데, tessellation은 판재료(sheet material)를 이용해 보다 쉽고 부드러운 형태를 구현하는 방법을 제공한다. 이 장에서는 디지털적으로 정의된 면(digital surface)과 Tessellation에 의한 시공기법을 디지털제작을 통해 결합시키는 방법에 초점을 맞춘다.

tessellation 이나 'tiling (타일 붙이기)' 은 건축가가 건물을 표준크기의 판재료로 좀 더 크고 복잡한 형태와 표면을 제작함에 있어 활용성이 증대되고 있다. 현대 건축(modern architecture)에서 tessellation은 세라믹타일, 건물 외장용 자재, 벽돌 같은 표준화된 공장생산 재료를 사용한 결과였으나, 지금은 비표준적인 단위재료(units)를 만들어낼 수 있다. 건축가들은 벽돌과 석조 쌓기 등의 일반적 재료들을 이용해 분명 복잡한 패턴의 형태를 만들어 왔다. 그러나, "tiling" 과 같은 방식은 디지털 제작기법을 통해 독창적인 디자인, 조합, 맞춤제작의 새로운 가능성을 찾고 있다. 건축가들은 디지털 제작기법을 통해 시장에 유통되는 일반적 재료에 의지하기 보다 원재료를 다수의 다른 크기와 형태로 가공할 수 있다.

3차원적 형태를 디지털기법을 통해 구현하는 방법에는 크게 넙스(NURBS)와 메쉬(mesh)의 두 가지 방법이 있으며, 종종 하나의 프로젝트에서 디자인의 다른 단계에서 두 가지 형식을 각기 활용한다. 넙스 모델링 방법은 부드러운 곡선과 면을 만드는데, 이것에 관해서는 다음 장에서 상세하게 논의될 것이다. 메쉬 모델링 방법은 면을 부드럽게 구현하기 위해 폴리곤(polygon)과 서브디비젼(subdivision)을 사용한다. 폴리곤 메쉬는 일반적으로 삼각형과 사각형으로 이루어져 있다. 좀 더 부드러운 곡면을 구현하기 위해 잘게 분할한 면(subdivision)은 부차적이며 더욱 복잡한 알고리즘을 사용한다. 두 가지 방법 모두 기하학적 꼭지점과 모서리 그리고 면을 추가함으로써 면을 분할하여 조각들로 변환한다. 결과적으로 폴리곤이나 잘게 나뉜 메쉬는 tessellation된 면을 이루게 된다.

CLOCKWISE FROM TOP LEFT:

Buckminster Fuller and Shoji Sadao, U.S. Pavilion, Montreal Expo, Montreal, Canada, 1967. Photo: Julie Belanger

Peter Macapia/labDORA, *Urban Pavilion*, 2007. Unfolded structural envelope. Photo: Peter Macapia

Urban Pavilion. Three-dimensional view. Photo: Peter Macapia

Peter Macapia/labDORA, *Study of a Cube Using Computational Fluid Dynamics*, "Dirty Geometry," Log10, 2007. Photo: Fluent Inc., courtesy Peter Macapia

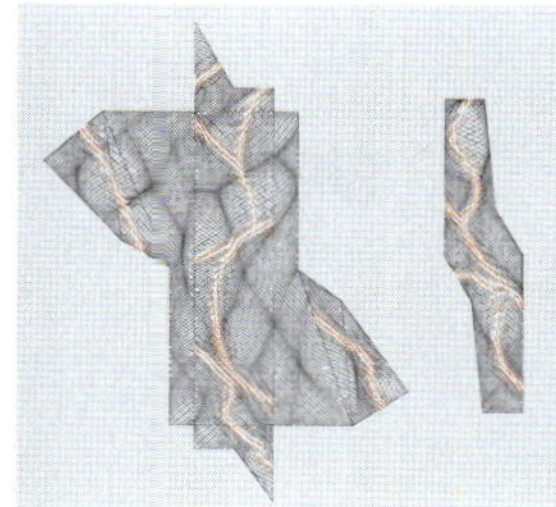

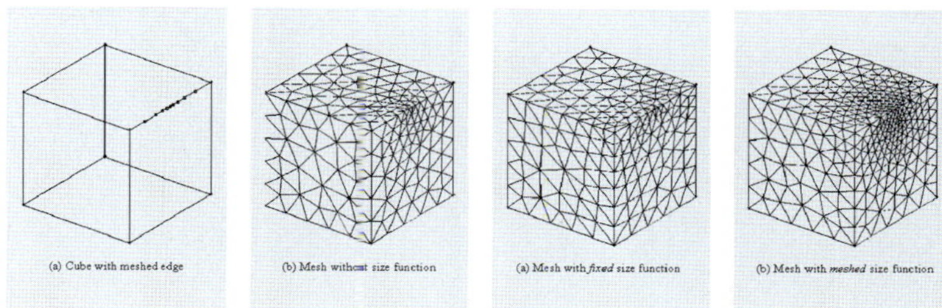

tessellation의 밀도에 따라, 면은 더욱 부드럽고 정밀하게 될 수도 있고 다면적이고 조잡해 질 수도 있다. 경우에 따라 tessellation으로 형태생성을 하는 것이 불필요 할 수도 있다. 필요이상으로 복잡하고 무거운 컴퓨터 모델이 만들어 지거나 종종 구현 불가능한 형태를 만들어 내는 결과를 보일 때도 있기 때문이다. tessellation 기법을 효과적으로 활용하기 위해서는, 최종 건축자재와 제작 프로세스를 고려하여 전반적인 기하학적 구조와 디자인 의도에 따른 타일의 크기와 해상도(resolution)를 결정해야 한다.

벅크민스터 풀러(Buckminster Fuller)의 지오데식 돔(geodesic dome)은 이러한 경우의 초기 예이다. 풀러의 경량화와 시공효율성에 대한 추구는 그가 대량생산과 보편적 사용을 위해 디자인한 돔에서 잘 나타난다. 비록 풀러가 추구한 것이 모두 실현되지는 않았지만, 그가 디자인한 많은 돔들이 실제로 다양한 모자이크기법에 의한 패턴으로 지어졌다. 구형은 구조적 안정성을 가지고 변형을 견딜 수 있는 형태인 삼각형 형태의 패턴이나 육각형의 패턴으로 재정의되며, 돔 구조의 정밀도는 균일한 곡률에서 비롯된다. 지오데식에서, 모든 버팀대, 개구부, 그리고 연결부위의 디테일은 동일하다. 이러한 균일성은 시공성을 높이고 전반적인 자재의 효율성을 높이는데 기여하지만, 형태와는 무관하다. 그러므로, 건축가나 일반인이 돔의 형태를 현대건축의 만병통치약으로 간주하지 않는 것은 놀랄 일이 아니다.

지난 15년간 디지털과 재료측면에서 표면을 개별적인 부분들의 좌표상의 결합으로써 인식하는 분할(discretization)이라는 디지털적 정의에 있어 엄청난 성장을 보여왔다. 이는 비정형(nonorthogonal)형태의 건물을 묘사하고 구현하는 논리적인 방법일 뿐 아니라, 건축가가 건물의 표면과 표피를 조절하고 단계적으로 변하게 하는 것을 가능하게 하는 방법이다. LabDORA의 피터 매커피아(Peter Macapia)는 그러한 표면 시스템이 "우리가 건축을 더 이상 공간의 한 점이나 오브제로 보지 않고, 하나의 기능(function)이나 격자(grid), 네트워크(network), 변화(gradient)로서의 기능으로 간주한 결과의 한 부분" 일 수 있다는 흥미로운 제안을 했다.[1] LabDORA의 작업은 건물의 기하학적 및 재료 조직에 대한 전산 유체 역학(computational fluid dynamics)과 유한 요소 해석(finite-element analysis)과 같은 디지털 기술을 활용에 초점을 맞췄다. 작업의 과정은 유체적 특성에

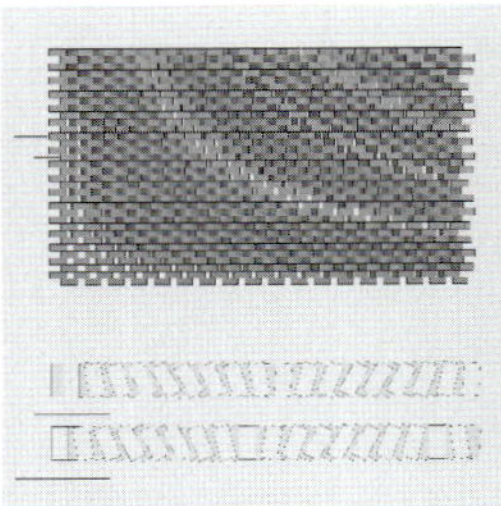
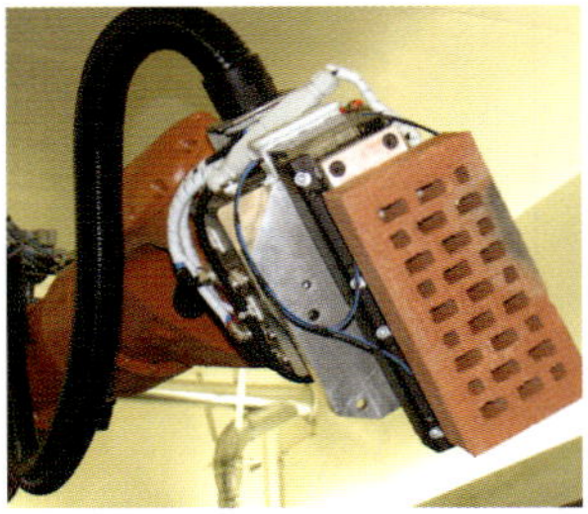

Fabio Gramazio and Matthias Kohler, *Domoterra Lounge*, ETH Zürich, 2007.
Plan and elevation; industrial robot laying brick; completed project.
Photos: Gramazio & Kohler

기반을 둔 형태의 기계적/구조적 성능을 평가하는 소프트웨어의 활용을 포함한다. 매카피아(Macapia)는 "이러한 방법으로 그리드는 격변하고 기하형태는 흩트러진다고 주장한다." [2] 이상적인 정적 시스템(static system)은 이런 새로운 제약조건들을 반영한 기하학적 진화를 위해 변형하고 늘이고 집어 낸다. 결과로 나타나는 표면이나 타일패턴은 보이지 않는 힘을 시각적으로 표현해 준다. '형태 찾기(form finding)' 와 재료의 조합 모두 건축적 성능과 융합된다.

매카피아의 작업은 마이클 웨인스톡(Michael Weinstock), 아침 멘게스(Achim Menges), 그리고 마이클 한셀(Michael Hensel)이 이끄는 the Architectural Association's Emergent Technologies and Design group과 디자인기법을 공유한다. 비록 이 그룹의 주로 사용하는 기법이 패턴이나 tessellation에 집중되어 있지는 않지만, 많은 프로젝트들이 '형태 찾기' 와 재료의 특성 사이의 연결방법으로써 'tiling' 기법을 고려하고 있다. 멘게스는 그의 글 "다형성(Polymorphism)" 에서 개념적인 아이디어는 "비교적 간단한 재료 요소의 계층적 배열은 시스템의 수행 능력으로부터 나오는 일련의 연속적인 번식과 차별화된 결합을 통해 조직된다" [3] 고 하였으며, 이는 자연의 형태 형성과 유사한 건축적 체계의 진화에서 비롯된다고 설명했다.

이 연구는 GenerativeComponents와 CATIA와 같은 파라메트릭 소프트웨어와 밀접하게 연관되어 있다. 이 프로그램들은 정의된 기하학적 관계들을 이용하여 부분과 전체를 연결하는 능력을 제공한다. 하나의 파라메트릭 모듈이 영역에 걸쳐 복제(instantiate)되면서 다양한 변화를 생성하는 디자인방법을 보여준다. 영역과 모듈의 디자인이 다르게 나타날 때, 그것들은 모자이크화된 패턴을 만들어 낸다. 이 소프트웨어가 tessellation에 의한 다양한 디자인 기법의 가능성을 확대함으로써, 이러한 기법을 활용한 프로젝트가 늘어나고 있는 것은 놀랄 일이 아니다.

제작이 끝나면, 이것은 분명히 tessellation기법이 가진 가능성의 시작에 불과 하다는 것을 알 수 있다. Swiss Federal Institute of Technology Zurich(ETH로 더 잘 알려진)의 교수로 재직중인 파비오 그라마찌오(Fabio Gramazio)와 마티아스 콜러(Matthias Kohler)는 컴퓨터를 이용한 3차원적 tessellation 벽 유닛의 조립과 형성 분야에

CLOCKWISE FROM TOP LEFT:

SHoP Architects, 290 Mulberry Street, New York, 2007.

Rendering of facade; milled formwork for positioning brick; bricks and mortar set in formwork; mock-up.

Photos: SHoP Architects

서 장족의 발전을 이뤄냈다. 이 발전의 중심은 건축적 생산에 로봇공학을 차용시킨 점이다. 로봇은 일반적으로 용접, 외장마무리, 드릴, 가공자국제거(deburr) 그리고 재료 가공에 주로 사용하는 자동차 산업에서 찾을 수 있다. 보다 선진화된 제조 산업에서 이러한 기술을 차용하는 전략이 건축의 디지털 제작의 기반이 되었지만, 그라마찌오와 콜러의 뛰어난 창의력은 더욱 빛을 발한다. 가장 두드러진 점은 감각적이고 비정형화된 패턴들을 조립하고 만들어내야 하는 그들의 디자인에 이러한 도구를 아주 적절하게 사용했다는 것이다.[4]

로봇기술의 이점은 재료를 자유자재로 움직이고, 회전시키고, 파내고, 배치할 수 있다는 것이다. CNC 조각기와 같은 로봇들은 컴퓨터 데이터를 직접 작업의 자료로 사용한다. 로봇은 드릴링 같이 제거하는 과정에 국한되지 않고, 재료를 조립할 수도 있다. 예를 들어, 로봇들은 벽돌과 블록 같은 건축 자재를 쌓거나 배치시킬 수 있으며, 디지털 데이터에 따라 수평이나 수직 또는 여러 방향으로 배치할 수 있다. 또한, 같은 데이터로 수직 5축 CNC공작기를 이용해 드릴링을 할 수도 있다. 여기서 예로 든 두 프로젝트는 이러한 기술들을 활용하였으며, 그라마찌오와 콜러의 연구로부터 나온 결과 중 몇 가지가 적용된 사례이다.

프로그래밍된 벽은 이 팀이 처음으로 로봇기술을 적용한 연구 중 하나이다. 디지털 모델은 집합적 모듈의 기본단위로서 하나의 벽돌블록을 사용한다. 컴퓨터 스크립트는 모듈들을 디지털적으로 조합하고, 전통적인 벽돌공사에서 발생하는 벽돌 쌓기의 가로층이나 적층에서 나타나는 제약조건을 해결한다. 또한, 스크립트는 투과성과 벽의 윤곽과 같은 특성에 따라 벽돌의 방향을 정하도록 작성되었다. 디자인이 마무리 되었을 때, 크기와 가로방향 레이어 및 각 벽돌의 방향과 관련된 데이터는 수치 값으로 변환되어, 기계제어용 소프트웨어로 보내진다. 로봇은 이 데이터를 사용해 전통적인 석공이 그랬듯이 벽을 차곡차곡 쌓는다. 결과적으로, 각각의 블록은 유체와 같이 자연스럽게 변화하는 형태로 만들게 된다.

그라마찌오와 콜러와 같이, SHoP의 작업은 커다란 커튼월 패널을 만드는 것에 있어 벽돌 타일링의 감각적인 가능성에 기초를 두고 있다. 예를 들면, 뉴욕시의 290 Mullberry Street에 위치한 이 작품은 장식적이고

Coop Himmelb(l)au, BMW Welt, Munich, Germany, 2007.
Roof tessellation; "double cone".
Photos: Ari Marcopoulos

물결모양을 이루는 벽돌 파사드를 보여준다. 비록 이 작업은 로봇으로 쌓진 않지만, 패턴은 디지털 스크립트에 의해 작성되었다. 단열층(insulation layer)은 디지털로 제작되고 벽돌의 배치를 위한 템플레이트가 된다. 그리고 나서 벽돌은 패널의 형태를 만들기 위해 계획된 위치에 시공된다. SHoP의 작업에서 가장 주목할 점은, 표준화된 건축 자재를 적절히 조절하여 시각적이고 촉각적으로 매우 표현적인 효과를 만들어 냈다는 것이다. 타일과 표면 조직간의 관계를 조정하는 것은 tessellation 디자인에서 일반적인 과정이지만, 이전에 언급된 작업들처럼, 이 프로젝트는 디자인 매체로서의 건축의 입면, 외피, 그리고 타일링(tiling)의 잠재력을 재고하고 확장시켰다.

반면에 쿱 힘멜브라우(Coop Himmelb(l)au)가 작업한 BMW Welt, 카스 오스터하이스(Kas Oosterhuis)의 Acoustic Barrier, 그리고 노먼 포스터(Foster & Partners)의 the Smithsonian Institution 개축과 같은 대규모의 프로젝트들은 디지털 기법에 기반하는 전통적인 대량 생산 시스템으로부터의 진화였다. 방대한 표면을 덮는 다양한 크기와 곡률을 가지는 서로 다른 모양의 패널을 생성하고 배열할 수 있는 능력은 tessellation기법의 가장 큰 장점이다. 쿱 힘멜브라우가 작업한 BMW Welt의 "이중원뿔(double cone: 원뿔을 형성하는 메쉬(mesh)크기가 지붕의 구조 그리드에 대응하여 프랙털적으로 구성됨)" 의 특징은 이러한 능력의 좋은 사례이다. 원뿔의 기하학적 형태를 만들기 위하여, 패널들은 반으로 나뉘어 삼각형 모양으로 만들어 졌다. 시각적이고 재료적인 측면에서, 타일링 기법은 역동적인 지붕과 이중원뿔의 구조적 외피를 원활하게 합성한다.

훨씬 더 작은 규모와 더욱 제한된 상황에서의 작업들은 tessellation 디자인의 잠재력뿐 아니라, 디지털제작이 디자인과정과 통합적으로 이루어진 다양한 방식을 보여준다. 여기에 등장하는 작업들은 모자이크화된 표면의 패턴적, 시각적, 구조적, 그리고 역동적 가능성을 보여 준다. 실용적인 차원에서, 1~2명의 인원이 쉽게 다루도록 표면을 작은 조각으로 나누는 것은 디자인과 시공의 통합된 실험을 위한 좋은 전략이다. MOS가 설계하고 하버드GSD의 학생들과의 협업에 의해 시공된 하버드대학의 Carpenter Center for the Visual Arts에 위치한 The Huyghe + Le Corbusier 인형극장은 개방된 볼륨을 사선의 타일로 분할하고, 강성과 깊이를 만드는 테두리를 가진 삼각형의 프라이팬의 형태로 만들어 졌다. 프라이팬과 같이 테두리 벽을 가진 삼각형 유닛들은 인접한 테두리끼리 간단히 볼트로 연결되었고, 추가적인 구조로 작은 철제 뼈대를 부착하였다. 이 프로젝트는 3차원적 타일을 구조체와 식재를 위한 표피로 사용하였다. 이끼로 덮인 토양으로 채워진 각각의 유닛은 단계적인 패턴을 이루는 윤곽선을 만들어 낸다.

Office dA 와 존스톤 맥클리(Johnston Marklee)가 디자인한 Helios House도 형태의 다면적 표현을 수용하고 강조하기 위해 각 유닛간의 경계선을 강조한다. 스테인리스 스틸 패널 자체가 철 구조체와 형태를 형성하는 하부구조를 덮는다. 이러한 하부 구조는 표면에 입혀진 타일의 기하학적 형태의 기초를 만들지만, 그 형태는 최종적 표면의 모습보다는 명확하지 않으며, 때로는 넓게

Foster + Partners, Smithsonian Institution,
Washington, D.C., 2004-7.
Photos: Nigel Young/Foster + Partners

비어 있거나 평평하게 만들어 진다. 타일들은 반사, 그림자, 그리고 빛에 의한 미묘한 변화가 만드는 재료적 표현의 복잡성을 보이는 동시에, 시각적으로 균일한 표면을 만들어낸다. 다시 말하면, tessellation 패턴은 빌딩형태 그 자체는 아니지만 (평평한 부분에 큰 타일이 들어가고, 날카롭게 휘어진 곳은 작은 것으로 덮는 경우와 같이), 합성과 균등화를 통해 표면을 재구성하고 새로운 시각적 효과를 만들어 낸다. 이것이 tessellation의 진정한 잠재력이다. 기하학적 모양에 따라 자동적으로 간단한 타일링을 할 수도 있지만, 어떤 것은 그것을 대체할 수도 있다.

암마 엘루이니(Ammar Eloueini)가 디자인한 캘리포니아의 존 제스퍼스(John Jasperse)를 위한 무대세트에서는 tessellation 패턴이 작동할 수 있는 표면 구조가 되었다. 큰 사각형 표면은 삼각형의 작은 조각으로 분해되어 느슨하게 연결되어 있으며, 조각들은 큰 유연성을 가질 뿐만 아니라, 이동 중에 깔끔하게 접힐 수 있는 크기로 되어 있다. 조립이 되면, 조각들은 서로 역동적으로 작동한다. 때로는 하나로 큰 면으로 작용하기도 하며, 연결선을 따라 각각의 조각으로 움직이기도 한다. tessellation은 여기서 극장장치를 만들어 냈다. 여기서 언급된 작품들은 판(版) 재료를 간단하고 설득력 있는 방식으로 자르고 재결합하였다.

톰 폴더스(Thom Faulders)의 Airspace Tokyo는 tessellation을 패턴으로 사용하였으나 시공적으로는 활용하지 못했다. 사각형 패널들은 이음매 없이 스크린을 형성하기 위해 서로 용접되어 있으며, tessellation 패턴은 금속 판을 잘라내는 방법을 통해 만들어 졌다. 패널 패턴의 크기와 형태는 자연에서 도출한 기하학적 패턴인 보로노이 다이어그램(Voronoi diagram)을 기본으로 하여 파라메트릭 소프트웨어를 활용하여 결정되었다. 나뭇잎들이 겹친 모습에서 영감을 받았고, 조각 알루미늄 판을 겹쳐서 추상적으로 구상되었다. 그 결과로, 건물의 내/외부 모두 여과된 빛의 효과가 나타났다.

브레넌 벅(Brennan Buck)의 설치작품인 University of Applied Arts Vienna의 Technicolor Bloom, 또한 시각적 경험을 이용하여 패턴을 합성하였다. 작품의 전체적인 형태는 갤러리의 한쪽 끝에서 반대쪽까지 늘린 부드럽게 두틀린 면들이 모인 모습이다. 각 면은 레이스(lace)와 같은 재귀적 소프트웨어 분할 알고리즘(recursive software subdivision algorithm)을 이용하여 생성된 패턴이 새겨져 있다. 패턴의 분할 밀도는 두 배로 휘어진 곡률과 연관되어 있을 뿐만 아니라 시각적 모호함과 더불어 기하학적 구성체계를 강화시킨다. 복잡하게 뚫린 패턴은 3차례에 걸친 분할로 만들어졌으며, 구조가 조직화되고, 패널이 재단되고, 내부와 외부의 층을 연결하는 구조적 뼈대가 배치되었다. 이 작품은 시공성, 구조, 보로노이 시스템을 활용한 패널 패턴을 함께 고려하고 결합한 결과물이다. 이 패턴은 내부와 외부의 표면에서 서로 다른 크기의 천공 패턴으로 두께와 깊이에 대한 착시를 심화시킨다.

마지막 사례인 아뜰리에 만페르디니(Atelier Manferdini)의 West Coast Pavilion 역시, tessellation된 표면을 생성하기 위해 자기유사(self-similarity) 복제방법을 사용한다. 이 작업은 아마도 가장 종합적인 디지털 제작 프로젝트들

중 하나일 것이다. 왜냐하면 이 작업은 층을 이루는 표피를 만들기 위해 다양한 도구들을 사용했기 때문이다. 기본 구조는 MDF로 만들어진 다이아몬드 형태의 격자이며, "Sectioning" 기법과 유사하게 2D AutoCAD 템플레이트를 이용하여 CNC 조각기로 재단하였다. 그것이 선(線) 적으로 세공된 표면이기는 하나, 설계의도를 가장 정교하게 보여준다. 충전(infill) 패널은 모듈화되었다기보다 분할(subdivision)된 프랙탈적 형태의 타일(fractal tiles)로 구성되어, tessellation 패턴은 부분적으로나 전체적으로 다양한 크기와 간격으로 자리잡게 된다.

엘레나 만페르디니(Elena Manferdini)가 레이저로 커팅한 옷의 유연함처럼, 파빌리온 금속판의 재료적 속성은 3차원적 자르기와 남겨두기에 의해 드러난다. 천공(perforations)은 보통 잘라낸 구멍크기의 재료를 제거하는 절단 기술이 필요하다. 그러나, 만페르디니는 표면효과를 위해 이러한 제작방식을 변화시켰다. 구멍을 만들 부분에서 재료를 제거하는 것이 아니라, 제거될 부분을 그림자를 만들고 빛을 유입하는 2차적 장치로서 다시 판재에 붙인다. 건축자재라기보다는 장신구처럼 연결되어 있는 이 패널들은 건축적 외피로써 한 단계 높은 섬세함을 보여준다.

이 장에서 제시하는 이러한 섬세함이 배어있는 작품들은, 표면의 분할과 모듈화를 확장된 디자인 언어로 발전시킨 몇몇 건축가들의 노력을 보여주고 있다. 각각의 경우에서, 이와 같이 확장된 언어는 시공적, 구조적, 재료적, 공간적, 지각적, 프로그래밍적, 또는 (대부분의 경우에서처럼) 그것들의 조합과 같은 성능적 기준과 결부된다. 디지털적 창작과 표피에 대한 새로운 정의를 통해 실현되는 이러한 요인들의 최적의 조합은 패턴의 기술적 영향을 뒷받침한다. 여로 든 프로젝트들이 보여주는 것처럼, tessellation의 영역은 더욱 멀고 넓게 확장되고 있다.

Photo: Courtesy Atelier Manferdini

West Coast Pavilion
Atelier Manferdini, 2006

파빌리온은 전체 볼륨에 걸쳐 물결무늬 면들의 레이어가 합쳐지고 갈라지는 구조로 이루어져 있다. 다이아몬드 형태의 구조로 이루어진 표면은, 3차원적 레이스(lace)로서 역동적인 스크린효과와 여과효과를 만들어 낸다.

1

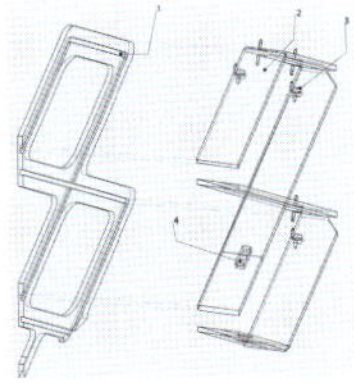

2

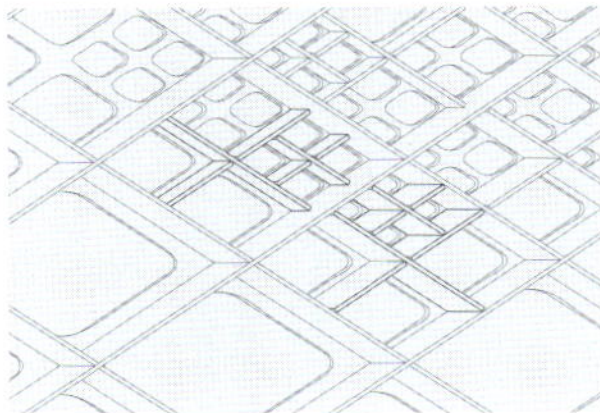

3

Atelier Manferdini, *West Coast Pavilion*, Architectural Biennial Beijing, 2006.
All photos: Courtesy Atelier Manferdini (except where indicated)

1 Construction diagram of plywood structure, ribs, and facing.
2 Diagram of tessellation subdivision.
3 CNC-routing plywood for inner structure.
4 Assembled wall, from exterior. Photo: Courtesy Neil Leach
5 Assembled plywood and MDF wall structure. Photo: Courtesy Neil Leach
6 Laser-cutting metal cladding panel. Photo: Courtesy Jae Rodriguez.
7 Templates for laser-cutting metal cladding panels.
8 Cut, folded, and assembled metal cladding panels. Photo: Courtesy Neil Leach

4

5

6

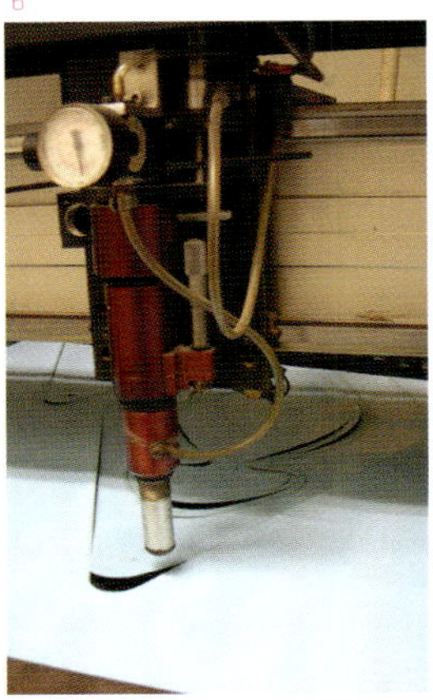

7

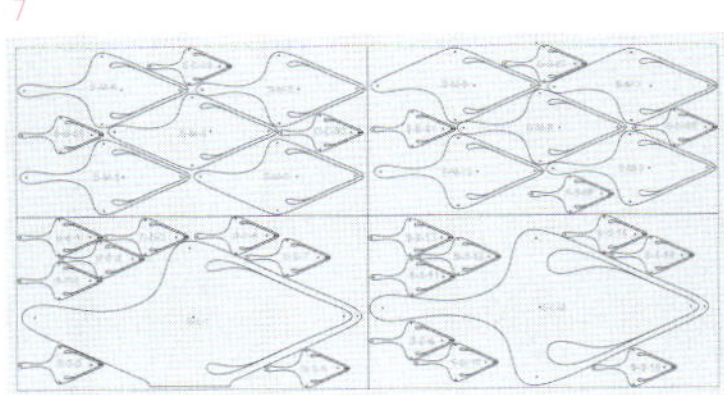

8

LEFT: Atelier Manferdini, *Cherry Blossom Collection*, Spring–Summer 2007. Photo: Robert Robert
BELOW AND OPPOSITE: Completed project.
Photos: Courtesy Atelier Manferdini

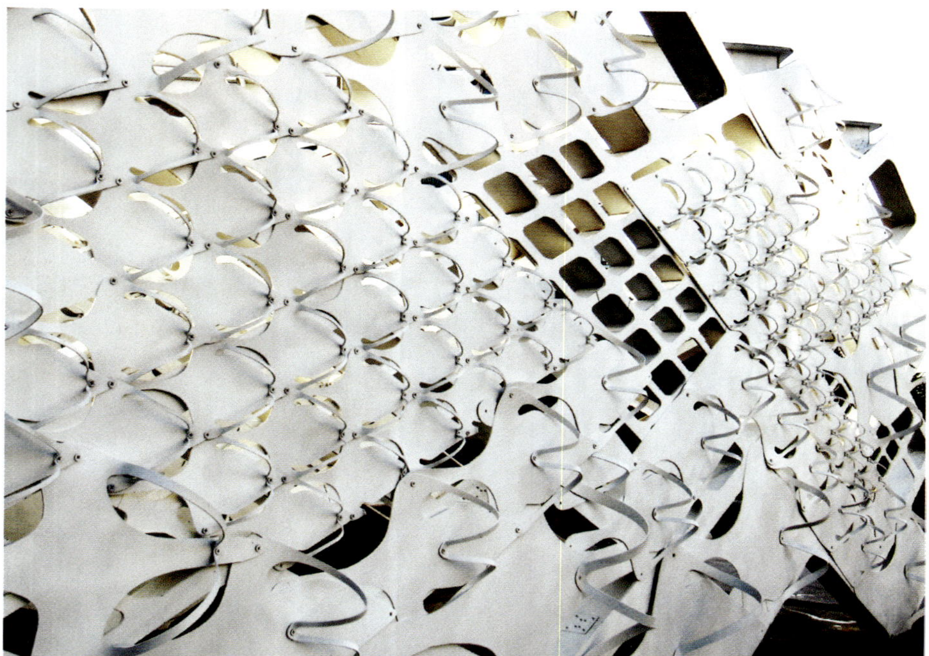

Photo: Florian Holzherr

Huyghe + Le Corbusier Puppet Theater
MOS, 2004

르 꼬르뷔지에가 미국 내에 설계한 유일한 건물인 하버드대학의 Carpenter Center for the Visual Arts의 40주년을 기념하기 위해 세워진 이 극장은, 아티스트 피에르 위그(Pierre Huyghe)의 인형극 공연을 위해 대지의 외부 썬큰 코트 야드(sunken courtyard)에 설치되었다. 유기적 형태의 극장은 500여 개의 백색 폴리카보네이트(polycarbonate)패널을 다이아몬드 형태로 단단히 끼워 맞춘 구조를 하고 있다. 패널들은 서로 볼트로 연결되어 있어, 쉽게 조립되고 해체될 수 있다. 외력은 조립된 극장 공간을 감싸고 있는 표면을 가로지르며 상쇄되고, 반대로 뒤집어 설치되는 모듈화된 천장패널은 자연광을 받아 들이며, 쐐기돌과 같이 작용하여 구조를 안정적으로 만든다. 패널들은 극장 중간부위에서 7.6cm (3 inches) 깊이와 4.6m (15 feet) 길이를 가지고 있다. 패널에 삽입된 폼(foam)은 플라스틱 외피를 간단하게 한다. 플라스틱 외피는 이끼로 덮어, 야간에 대각선 형태의 플라스틱 패널들 사이로 빛이 스며들면 이끼가 공중에 떠있는 듯한 효과를 낸다.

퀸시 스트리트(Quincy Street) 쪽의 한 그루의 나무를 중심에 둔, 부드럽고 유연한 형태의 개구부를 통해서 극장에 들어가면, 반사되고 광이 나는 하얀 플라스틱 벽으로 이루어진 내부공간에 다다르게 된다. 플라스틱 패널의 무늬와 크기의 반복에 의해 만들어진 물결형태의 하얀 좌석들은 전체를 하나의 용기나 배와 같이 인식하게 한다. 실내 공간은 무대의 개구부 방향을 향해 압축되며, 입구는 인형극을 하지 않을 때는 한 그루의 나무를 담고 있는 프레임의 역할을 한다. 극장은 하나의 구조적 표피 안에 합성과 유기적 형태를 압축하여 담아내고 있다.

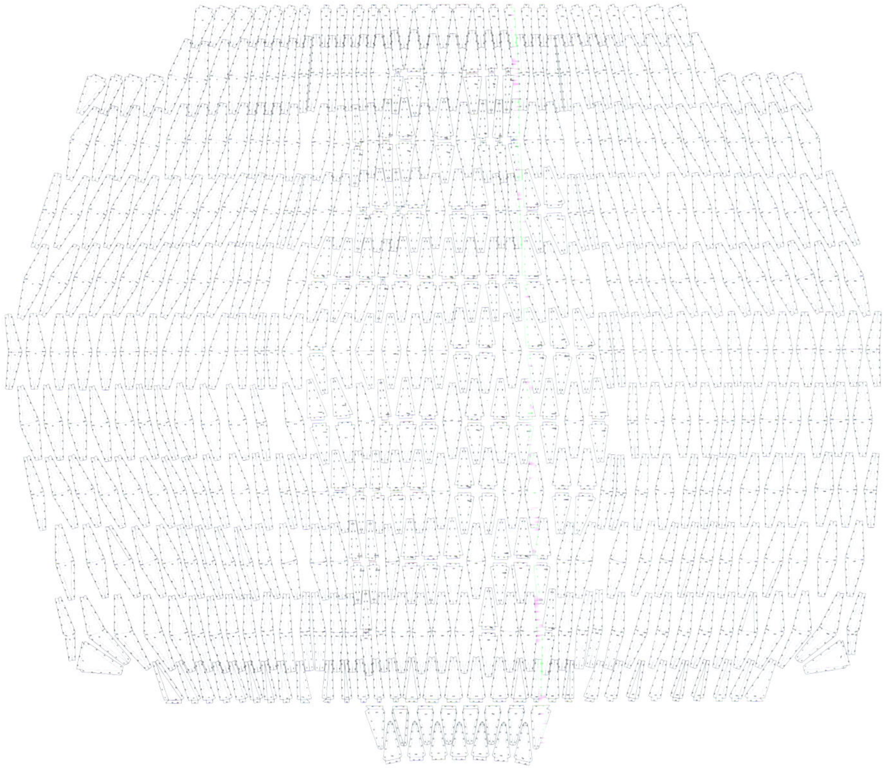

ABOVE: Unfolded panels.
BELOW: Formed plastic panels and assembly. Photos: MOS

LEFT: Moss-filled panel. Photo: Michael Vahrenwald
BELOW: Assembly. Photo: MOS

ABOVE: Interior view. Photo: Michael Vahrenwald
BELOW: CATIA model. Photo: MOS

All photos: Eric Staudenmaier

Helios House

Office dA and Johnston Marklee & Associates, 2006–7

Helios House의 디자인은 그린(green) 가스 스테이션(gas station)이라는 역설적인 개념을 수용하는 것이었다. Helios House는 환경보호라는 주제에 대한 대화를 촉진하며, 교육적인 실험실의 역할로 디자인되었다. 이 주유소의 물, 열, 에너지, 빛 그리고 재료 시스템은 지속가능성을 최대화시켰으며 에너지 절약형으로 지어졌다. 캐노피 디자인은 이 건물의 가장 상징적인 특징으로 디자인되었다.

이 프로젝트에서는 주유소의 기능들을 하나로 통합하는 독특한 논리를 개발하였다. 외피 작업은 각종 건축적 및 기술적 기능을 통합하기 위해 parametric tessellation 작업으로 이루어졌으며, 계산대, 구조, 안내판, 그리고 캐노피 등은 모두 유사한 다면체로 이루어진 형태로 되어 있다. 삼각형으로 만들어진 스테인리스 스틸 패널은 대지의 아이덴티티와 브랜드에 대한 경험을 만들어내는 동시에, 복잡하고 때때로 모순되는 대지, 프로그램, 법규 그리고 조닝(zoning)의 요구조건을 조화시킨다. 또한, 이 패널들은 캐노피의 독특한 윤곽을 만들어 내며, 캐노피에 단순히 로고를 설치해 브랜드의 아이덴티티를 나타내는 일반적인 주유소와 다른 새로운 브랜딩 전략을 제공하는 역할을 한다. 이 프로젝트를 통해서, 설계와 제작시스템은 노동비용과 재료의 낭비를 줄이기 위해 최적화되었다. 디자인 빌드(design/build: 설계와 시공을 함께하는) 제작자(fabricator)에 의해 개발된 캐노피는 조립식 제작시스템으로 1,653개의 스테인리스 스틸 패널로 세워졌다. 부재들은 외부에서 52개의 이동 가능한 요소로 조립되고 부지로 보내져 4주 만에 시공되었다. 이 기술의 효율성과 정밀도는 각각 독특한 기하학적 형태를 가진 모듈화된 요소들을 조절하는 제어기술에 의한 대량생산의 가능성을 보여주고 있다

ABOVE, CLOCKWISE FROM TOP LEFT: Formed substrate panel; prefabricated substrate panels; on-site construction; on-site construction; stainless steel cladding on prefabricated substrate; on-site construction.
BELOW: Completed project.

All photos: AEDS/Ammar Eloueini

California: Stage Set for John Jasperse
AEDS/Ammar Eloueini, 2003

California는 안무가 존 재스퍼스(John Jasperse)에 의해 창작되고 그의 회사에서 제작한 안무공연이다. 이 무대세트는 무대를 위해 고정된 배경의 설치와는 대조적으로, 댄서들이 건축 부재(조각)들을 직접적으로 소통하도록 만들어진 변화하는 구조로 디자인되었다.

이러한 디자인은 컴퓨터 표면 생성작업으로 만들어졌고, 형태들은 매우 유연하며, 연기자들의 움직임을 모방하고 따라가는 기하학적이고 공간적으로 변화하는 무대를 만들어낸다. 기본적인 직물 패턴 레이아웃에 기초한 디자인은 각각의 조각으로 변형 가능한 표면을 형성하고 넓게 펼쳐질 수 있다. 주 재료는 투광성과 반사율을 유지시켜 빛을 흡수하고 확산시키는 폴리카보네이트(창문, 렌즈 등에 쓰이는 투명하고 단단한 합성수지)이다. Zip ties(케이블타이)는 분절조각들을 고정시키고 유연성을 갖게 하고 쉽게 시공하도록 해준다. 무대 세트는 한 시간 내에 만들 수 있고 쉽게 해체할 수 있으며 어디서든지 다시 설치 할 수 있게 박스로 포장할 수도 있다.

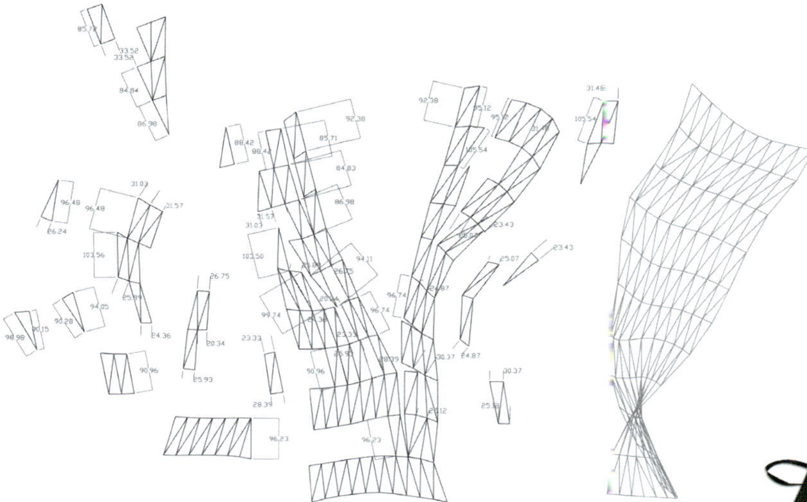

ABOVE LEFT: Surface unfolded flat into panels.
ABOVE RIGHT: Four-by-four traveling case.
OPPOSITE AND BELOW: Stage set in operation.

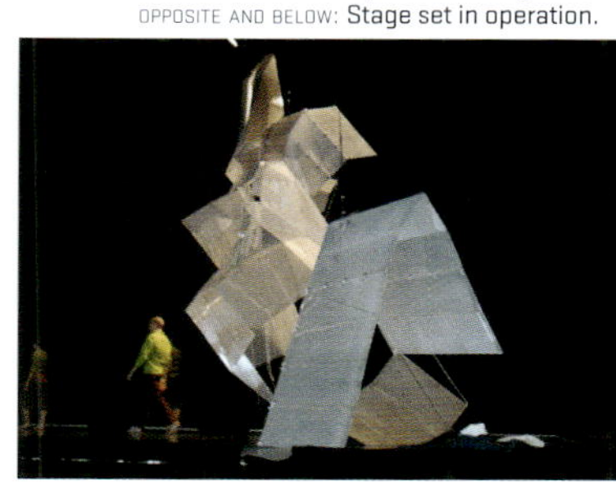

Photo: Thom Faulders Architecture

Airspace Tokyo
Thom Faulders Architecture, 2007

이 프로젝트는 일본 도쿄에 있는 새로운 사진 스튜디오가 있는 4층짜리 다가구 주거건물의 외피를 만드는 것이다. 키타-마고메 오타쿠(Kita-Magome Ota-ku)지역에 위치한 이 대지는 이전에 소유자 가족이 거주하였으며, 집 주변은 울창한 초목들로 둘러싸여져 있었다. 'Airspace'의 디자인에서는 새롭고 확장된 크기의 건물개발을 위해서, 대지 전체를 철거하고, 없어진 초목띠와 유사한 느낌과 활동을 반영하는 분위기 있는 공간을 만들어 내는 건축적 시스템을 구현하려 하였다.

다공성 세포와 같은 그물조직의 밀도는 건물 프로그램의 동작에 반응하여 결정된다. Airspace는 자연과 인공(artificial) 이 혼합된 곳이다. 햇빛은 금속 표면을 따라 굴절되며, 빗물은 모세관작용에 의해 외부통로로부터 흘러 나가고, 실내 전경은 얼룩덜룩하며 낙엽과 같은 커버로 감싸져 있다.

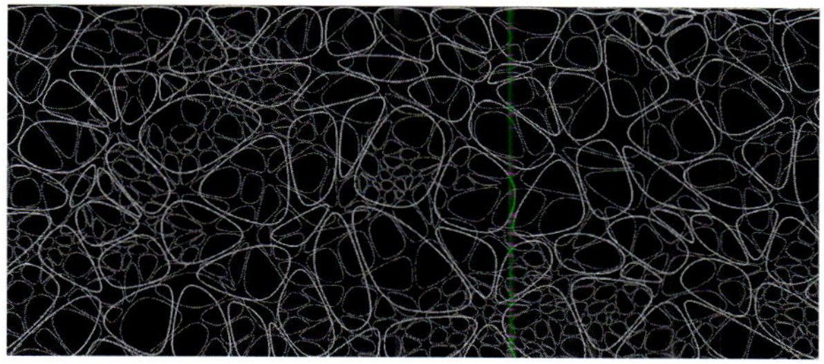

LEFT: **Double-skin overlay.** Photo: Thom Faulders Architecture
RIGHT: **Tree-canopy inspiration.** Photo: Thom Faulders Architecture
BELOW: **Diagram of structural lines for panels.**
BOTTOM: **Completed screen.** Photo: Studio M

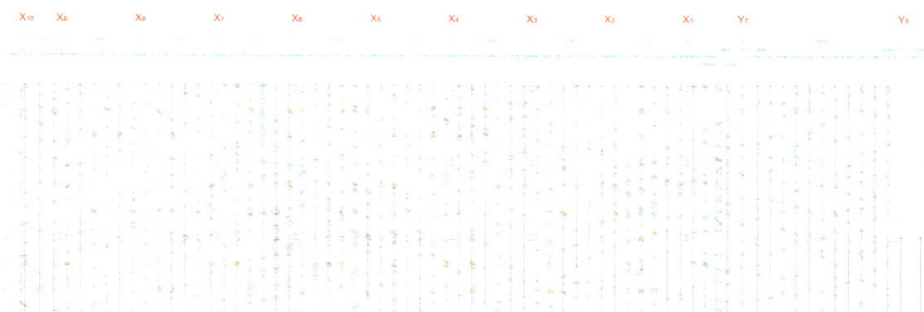

Photo: Christof Gaggl

Technicolor Bloom

Brennan Buck, 2007

Technicolor Bloom은 표준적이고 확장 가능한(scalable) 제조기술만을 이용하여 이중곡률(doubly curved)과 디지털적으로 설계된 기하학적 구조를 만든 실제 크기의 프로토타입이다. Technicolor Bloom은 구조, 천공부위, 형태 형성을 위한 요소들과 같은 건축적 시스템의 통합에 의한 위상적 건축 형태의 가능성을 확장하는 심미적 원리들을 제안한다. 1,400여 개의 각기 다르게 절단된 평평한 합판조각으로 만들어진 이 설치작품은 매끄럽고 우아할 뿐 아니라 매우 섬세한 디테일을 가지고 있다. 동시에, 이 작품은 표면 형태의 연속성, 표면들을 지나가는 구조적 패턴들의 연속성, 그리고 하나의 표면과 인접 표면과의 깊이와 색상의 다양한 연관성으로 "연속성" 이라는 개념을 정의한다. 이러한 결과가 3차원의 패턴의 직접적이고 경이로운 효과로 나타났으며, 이러한 패턴들은 그들이 지금이나 다음 실험을 통해 정의하는 기하학적 형태를 확신시켜준다. 마지막으로, 이 설치작품은 영향을 미치는 범위 안에서 자유로우며 다양한 연관성을 지닌 변형된 건축적 형태를 제안한다.

기술적으로, 이 프로젝트는 3개의 주요색을 겹쳐서 시각적 강렬함을 더욱 풍부하게 만드는 테크니컬러(Technicolor)영화의 프로세스와 비교 할 수 있다. Technicolor Bloom은 분할된 표면 형태와 컴퓨팅 기술로 만들어졌지만, 이러한 것들은 작품의 동기라기보다 주어진 조건으로 활용하였다. 최적화된 tessellation 알고리즘이 초기의 패턴을 만드는 데에 활용되었으며, 작업의 효율성과 자동화를 위한 파라메트릭 디자인 기법은 특정한 디자인 의도를 살리고 시각적 효과의 정밀한 제어를 위해 쓰였다. 또한, 다양한 일련의 기법들이 패턴화된 표면의 질을 높이기 위해 사용되었다. 표면은 물결 무늬와 여러 효과를 만들기 위해 다양한 깊이를 가진 층으로 만들어 지는 반면, 각각의 구조체들은 전체 패턴 안에서 무늬들의 구성을 강조하기 위해 두꺼워지거나 줄여졌다.

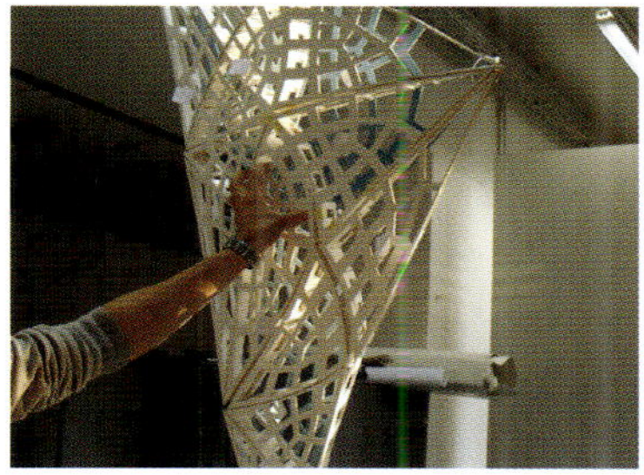

ABOVE: Laser-cut panels, test mock-up, installation.
BELOW: Panel-cutting templates.
BOTTOM: Details showing converging pattern.
Photos: Brennan Buck

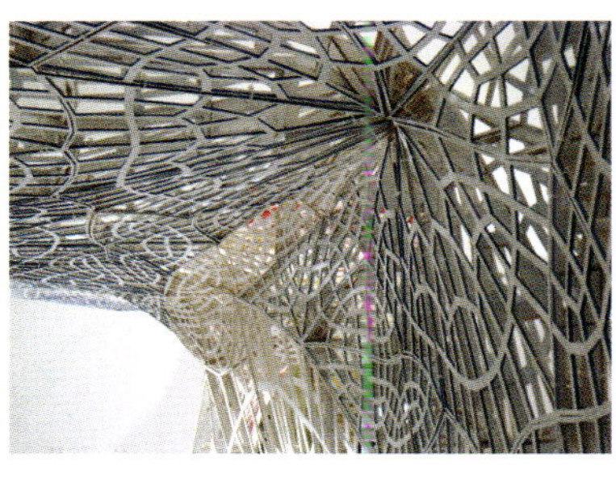

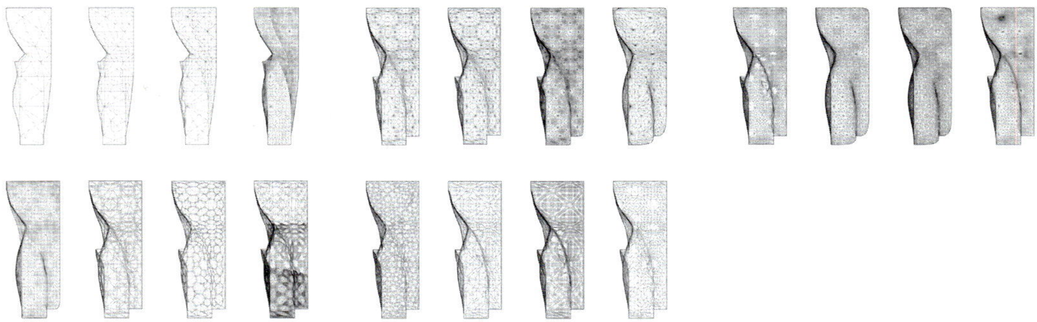

ABOVE: **Tessellation studies.** Photo: Brennan Buck
BELOW: **View from above.**
OPPOSITE: **View from inside.**
Photos below and opposite: Christof Gaggl

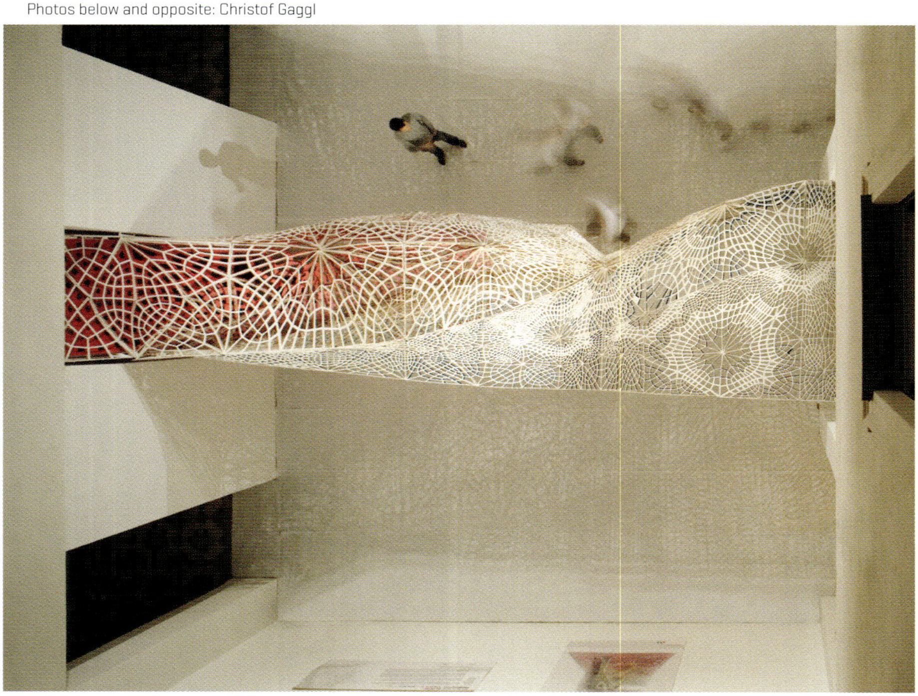

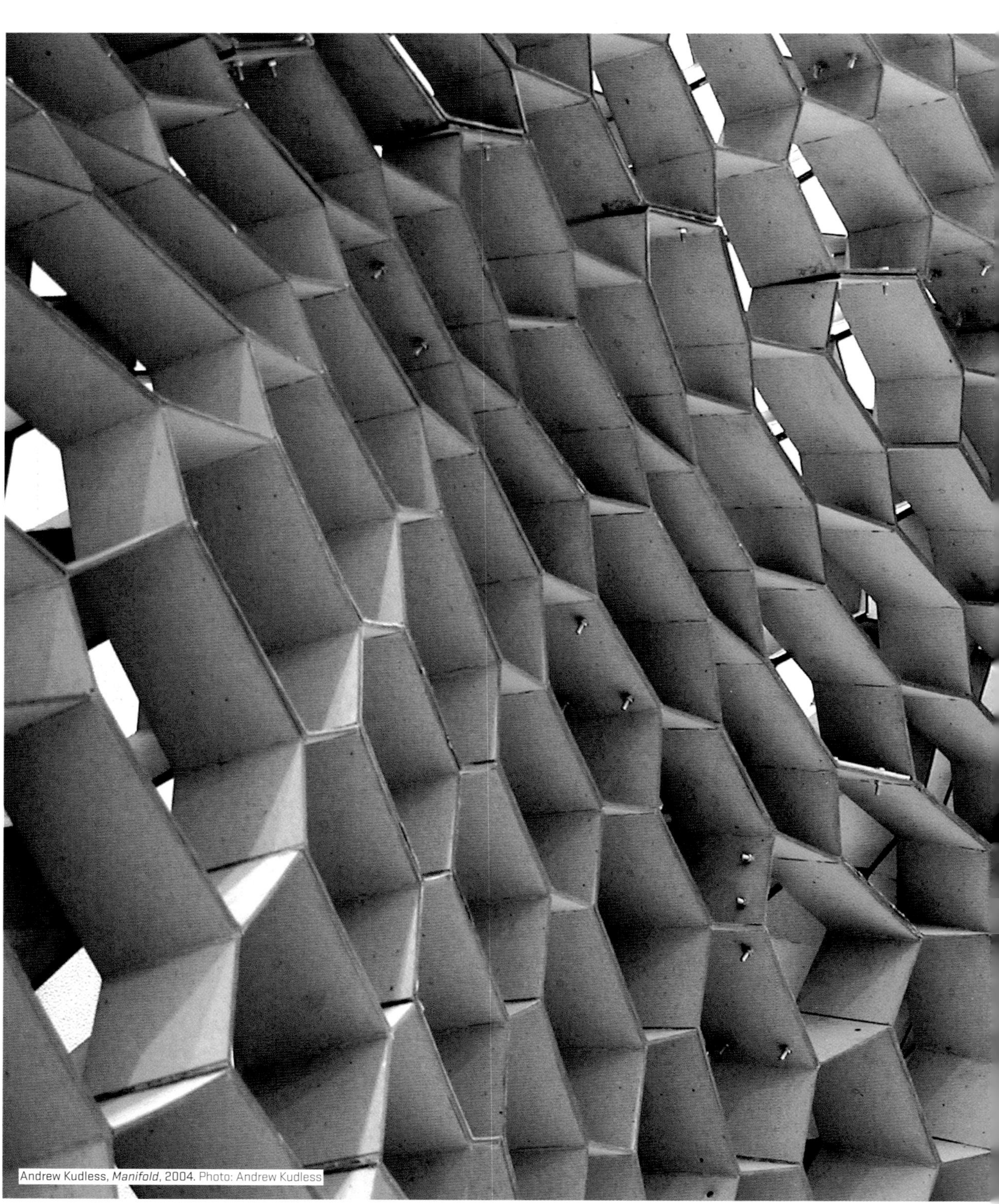

Andrew Kudless, *Manifold*, 2004. Photo: Andrew Kudless

Folding

folding(Folding:접기)은 평평한 면을 3차원적 형태로 변화시킨다. folding은 형태를 생성할 뿐 아니라 형태와 더불어 구조를 만들 수 있는 막강한 기법이다. folding이 평면적 재료에 적용되면, 재료는 더욱 강하고 단단하게 되어 기둥과 기둥과의 거리를 넓힐 수 있으며 재료 자체가 스스로 지지할 수 있는 구조로서의 역할을 할 수 있게 된다. folding은 재료적 측면에서도 경제적이며, 시각적으로 매력적이며, 다양한 스케일에서 효과적으로 쓰일 수 있다. 디지털 시대의 건축가들이 이러한 기법을 더욱 적극적으로 활용하는 것은 그리 놀라운 일이 아니다.

건축에 있어서 folding은 이론적인 개념이자 디자인 기법이며, 재료 자체의 조작이라 할 수 있다. 이 장에서는 재료의 조작 측면에 중점을 두고 있다. 하지만 이 내용은 다른 기법들과의 혼용에 관해 이해하는 것에 도움이 되는 내용이다. 여러 사례들을 보면, 접거나 주름을 잡음으로써 본질적인 특성을 잃지 않고 새로운 공간과 영역이 자연스레 생성되는 것을 볼 수 있다. 건축적으로 folding이 하나의 언어로 공간적, 문화적, 사회적, 프로그램적, 맥락적 상황을 하나로 결합하고 연결할 수 있는 잠재력을 가지고 있다는 것은 잘 알려진 사실이다. 1993년 그렉 린은 "만일 folding 건축에 하나의 효과만 있다면, 그것은 새로운 연속적 혼합물 안에서 서로 관계없는 요소들을 통합시키는 능력일 것이다"라고 주장했다.[1]

지난 15년 동안 건축가들은 기술을 습득해 왔으며, 연속적인 표면과 공간 그리고 형태를 진보적으로 만들어 냈다. 비평가들은 단지 물리적인 "folding"의 구현은 "folding"의 개념이 가지고 있는 복합성을 간과한 것이라고 주장한다. folding은 다른 이론적이고 개념적 구축물과 같이 필연적으로 건축의 형식적 범주를 벗어나, 현대건축에서 뛰어난 형태를 지닌 작품을 만들어 왔다. folding이라는 의미 안에서, 실제 재료의 folding은 내재된 개념과 더불어 건축물의 생성과정에 있어 직접적인 결과물의 한 부분으로 작용한다. 만일 평평한 바닥이 접혀 벽과 천정이 되기 위해서는, 재료 또한 접혀야 한다. 이러한 예들은 매우 광범위하다. OMA(Office for Metropolitan Architecture)가 설계한 Educatorium의 곡면 합판벽, 다니엘 리베스킨트(Daniel Libeskind)가 설계한 베를린 유태인 박물관(Jewish Museum Berlin)의 모서리 부분의 금속 패널, 그리고 FOA(Foreign Office Architects)의 요꼬하마 국제여객 터미널의 구조적 외피도 건축물 전반에 거쳐 같은 소재와 방식으로 쓰였다.

이러한 예에서와 같이, 재료 기법으로서 folding은 단지 건축의 전체적 모습을 만드는 부차적 시스템에 국한되지 않으며, 디지털 제작 과정을 통해 구현할 수 있는 디자인 생성도구로 쓰였다. 개념적인 건축적 도구로써의 folding은, 연속적인 표면으로 가변성과 다기능성을 창조하며, 변형과 굴절에 의해서 자연스럽게 표면을 3차원적 언어로 확장 시킨다. 디지털 도구는 미묘하고 복잡한 기하학적 조정이 가능하게 하며, 이질적인 것들을 합치고 매끄럽게 연결할 수 있다. 재료를 folding함으로써 생겨나는 구조적 강성은 이 기법이 가지고 있는 또 하나의 커다란 이점이다.

그러므로, folding의 구조적 가능성을 실험한 디자인 선례에 주목할 가치가 있다. 20세기 초 중반은 펠릭스 칸델라(Felix Candela)와 에드아르도 카탈라노(Eduardo catalano), 피에르 네르비(Pier Luigi Nervi), 에드아르도 토로하(Eduardo torroja)와 같은 엔지니어에 의한 구조와 건축의 실험 시대였다. 이 시대의 엔지니어이자 건축가들은 얇은 쉘(shell) 형태의 콘크리트건물의 구현을 위해 구조를 개발하고 재료의 무게를 줄이기 위해 분투하였다. 그 당시에는, 지붕구조를 만들기 위해 주로 주름 잡힌 모양과 둥근 곡선이 주로 이용되었으며, 단순한 기하학적 형태인 절판구조(Folded plate structure)가 널리 사용되었다. Hypar 곡선 표면이 다소 드문 방식이었던 반면, 아코디언 도양의 콘크리트 지붕은 세계 여러 곳에서 일반적인 형태였다. 콘크리트를 접힌 형태로 제작하였을 때 가지는 구조적 잠재력과 더불어 거푸집 제작의 용이성은 이러한 방식이 보편적으로 쓰이게 하였다. 이러한 건물들은 경제적이지는

CLOCKWISE FROM TOP LEFT:

Ballookey Klugeypop, origami instructions.

Jørn Utzon, Sydney Opera House, Sydney, Australia, 1973. Photo: Craig Scott

Walter Netsch/Skidmore, Owings & Merrill, Air Force Academy Cadet Chapel, 1962. Photo: Bryan Chang

FOA, Yokohama International Port Terminal, Yokohama, Japan, 2002. Photo: Georgia Ewen-Campen

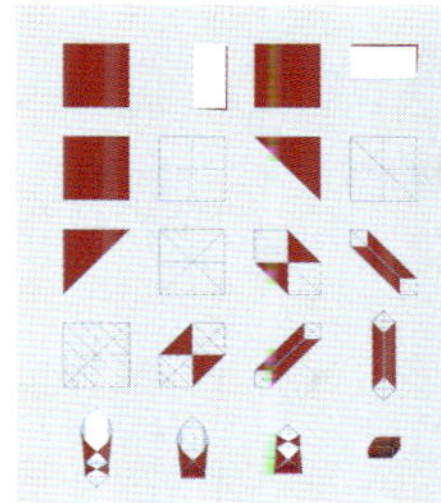

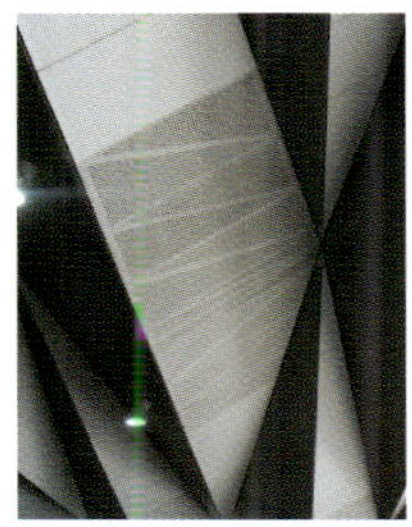

않았지만 구조적 성능과 볼륨을 형성하는 형태를 활용한 새로운 건축이었다.

이 프로젝트는 시드니 오페라 하우스 하부의 서비스 존(service zone) 부분에 강화 콘크리트 구조물의 윤곽을 Folding하여 심미적 효과를 주는 것이었다. 요른 웃존(Jørn Utzon)의 이 작품에서 알려지지 않은 면은, 서비스 존의 콘크리트의 주형과 folding으로 만들어진 물결치는 빔이다. 일반적으로 슬래브를 지탱하는 사각형 빔의 위계적 배열이 여기서는 구조적인 조형미를 가지게 변화되었다. 여기서 folding은 구축기법일 뿐 아니라 건축의 개념이었다. 1962년에 완성된 월터 내쉬(Walter Netsch)와 SOM(Skidmore, Owings & Merrill)의 Air Force Academy Cadet Chapel 건물은 프리즘형태의 Folding으로 지붕과 벽을 하나로 만들었다. 또한 더 작은 규모의 예들에서도 프리즘형식의 folding이 나타난다. 하인리히 엥겔(Heinrich Engel)의 저서 "*구조 시스템* (Structure Systems)" 에서는 접힌 판, 2-3개의 힌지 프레임(hinge frame), 교차로 접힌 면 그리고 다른 수많은 종류의 Folding 구조물을 축소된 종이 모형을 통해 설명하고 있다.[2] 이 책에서 제시하는 대부분의 모형 구조물이 실제 건축 되지는 못했지만, 건축과 산업 디자인의 사이에서 제작의 범주를 확장하는데 기여했다.

물론 folding은 구조적인 구축법으로 제한되지는 않는다. 2차원을 3차원의 공간으로 변환하는 대표적인 기법으로써, 이 프로젝트들에서 표면자체가 3차원적인 공간구조로 변환할 수 있는 잠재력을 보여준다. folding은 공예기반의 작업과 제품 디자인 분야에서 긴 역사를 가지고 있으며, 이러한 맥락안에서 전통적인 오브제 중심의 작업과 건축 스케일의 작업 사이를 연결시킨다. 디지털 제작 방식으로서의 folding은 건축디자인에 있어 새로운 차원을 열어 주며, (건축재료 자체가 장소에 접혀져 들어 가는 것과 같이) 구축기법으로 확장되었다. 이 책에서 기술된 디지털 제작기법 중에 folding이 가장 큰 잠재력을 제공해 줄 것이다. 왜냐하면 Folding이 가지고 있는 내제적 적용가능성으로 매우 다양한 형태를 만들 수 있기 때문이다. 주름진 표면, 접힌 플레이트 그리고 감싸진 볼륨들 모두 folding의 범위 안에 였다. 이러한 기법은 3차원적 표면을 만들기 위해 우선 펼쳐진(unrolled or unfolded) 모양을 개발하는 것처럼 잘라 내기 위한 2차원적 평면 템플레이트 만드는 것과 유사하다.

FROM LEFT:

Office dA, *Fabricating Coincidences*, Museum of Modern Art, New York, 1998. Photo: Dan Bibb

Haresh Lalvani/AlgoRhythm Technologies, InterRipples Ceiling System. Photo: Robert Wrazen; prototype: Milgo-Bufkin, courtesy Haresh Lalvani

디지털기법의 다른 방법으로, 소프트웨어는 3차원의 오브제를 2차원으로 변환하여 실제 제작할 수 있게 해 준다. 라이노(Rhinoceros)와 같은 모델링 프로그램은 곡선으로 이루어진 표면을 2차원으로 펼칠 수 있는 기능을 가지고 있다. 라이노 외에도 비정형의 면들을 평면적 조각의 모음으로 변환시킬 수 있는 공학분야의 소프트웨어(SolidWorks and LITIO), 전용 프로그램(Lamina Design, Surf Master, and Pepakura Designer)과 플러그인(plug-in)들이 있다. 이 프로그램들은 재료의 두께를 고려한 디자인이 가능하고 재료를 접합하고 라벨링을 할 수 있는 기능을 제공한다. 이렇게 다양한 소프트웨어들이 존재한다는 것은 folding이라는 기법이 재료기술로 얼마나 활발히 적용되고 있는지를 설명해 준다. 대부분의 소프트웨어들이 산업디자인, 공예, 금속판재 산업분야를 위해 개발되었지만, 건축에서도 이 프로그램들은 동등하게 활용된다.

기계적인 측면에서 본다면, 레이저 절단기는 재료를 접을 수 있게 만드는 데에 자주 이용되고 있다. 다른 3차원의 기계와는 달리, 레이저는 음각으로 새김으로서, 점선이나 눈금같이 다양한 종류의 선을 쉽게 만들어 낼 수 있는 장점을 가지고 있다. 그러므로 레이저를 이용한 방법은 재료의 원상태를 보존하며 이음매를 만들 수 있다. Water-jet(물의 압력을 이용한 절단기)와 플라스마 절단기를 이용하는 방법도 널리 이용된다. 이 기계들은 금속을 절단하는 것에 목적이 있으며 레이저와 같이 음각하는 것은 할 수 없지만, 재료의 접합부를 만들기 위한 다른 종류의 천공을 할 수 있다.

재료선정에 있어서 금속판, 얇은 종이, 직물과 같이 부서짐 없이 쉽게 휘어지는 재료를 제한적으로 이용하며 이는 건축에서도 빈번히 사용된다. 초기의 디지털 제작기법에 의해 접힌(folded)표피는 표준적 금속판을 주로 사용하였고, 디지털 기술을 활용하여 재료가 가지고 있는 심미적이고 형식적인 가능성의 범위를 넓혔다. 여기 두 가지 예시가 있는데, 하나는 Office dA의 설치작품인 Fabricating Coincidences로 1998년 MoMA의 "Fabrications"이라는 주제의 전시에 출품된 것이며, 또 하나는 하레쉬 라바니(Haresh Lalvan)의 AlgoRhythm Technologies전시를 위한 구불구불한 물결모양의 금속판과 기둥이다.

디자인 초안은 대부분 수작업으로 이루어 졌지만, 실제 제작은 전적으로 컴퓨터기반의 펀칭이나 레이저 커터에 의해서 이루어졌다. 독특한 점은 판재 사이의 이음매의 상세부분으로, 건축가는 꿰매는 방식으로 디자인했다. 이러한 이음매는 휘어지는 부분의 재료를 최소화하고 깔끔하고 연속적으로 접힌 면을 구현하기 위해 사선으로 겹쳐지도록 레이저 가공을 하였다. 금속판의 전형적인 구부리는 방식과는 다르게, 이 방식은 패널을 자르고 구멍을 뚫는 디지털기법에 의해 선명한 깨끗한 모서리를 만든다. 이 프로젝트는 folding기법을 심미적인 효과뿐 아니라 표면과 구조를 하나로 엮는 방법으로 이용하였다. 이 견고한 모서리는 두께를 증가시켜 구조적으로 견고하게 하고 기둥과 지반으로부터 적층을 가능케 한다.

이 겹친 이음매들은 하레쉬 라바니의 AlgoRhythm echnologies작품에서도 중추적으로 쓰인 방식이다. 이 작품의 형태는 일반적 제작방식으로부터 출발하였다. 접힌 형태는 수학적 알고리즘으로 도출된 쌍곡선 모양으로부터 가지고 왔다. 그리고 이음새는 굴곡진 곡선을 따라간다. 이렇게 휘어진 모서리는 금속판의 볼록하고 오목한 모양을 구성함과 동시에 구조적 안정성을 제공한다. 이 휘어진 이음새와 내부 압력은 접시와 같은 형태를 부드럽게 잡아준다. 특히 흥미로운 것은 이 기술의 효과는 재료의 탄성과 플라스틱과 같은 성질에 의존한다는 것이다. 이를 통해 재료와 제작방식이 밀접하게 관계하고 있다는 것을 알 수 있다. 예를 들어, 단면으로 잘릴 때 재료가 가지는 특성이 바뀌지 않는 "sectioning"과는 달리, folding은 재료가 가지고 있는 본래 특성에 기초하여 새로운 시각적, 공간적, 구축적 차원을 만들어내는 특징을 가지고 있다.

folding의 이러한 면은 실제 건물의 표피(입면)를 디자인하는 많은 현대 건축가들이 심취하게 된 이유이다. 장식의 기능적인 측면에서, 파시드 모사비(Farshid Moussavi)와 마이클 쿠보(Michael Kubo)는 장식과 빌딩표피에 있어 현대 건축의 동향이 감각적이고 함축적인 커뮤니케이션 잠재력에 있다고 하였다.[3] 이런 잠재력이 표면과 외피의 근본적 변화이건 아니건 간에, 기능적 역할과 더불어 재료적 효과와 공간의 새로운 분위기를 연출하는 작업이라는 개념에는 의심할 여지가 없다. 예를 들어, 헤르조그와 드뮤론(Herzog & de Meuron)은 Walker Art Center 확장계획에서 빛을 이용하여 주름진 파사드를 만들어내는 방법으로 재료 본질적 특질과 잠재력을 이끌어 냈다. folding은 여기서 주로 패턴과 장식적인 목적으로 활용되지만, 정밀하게 변화하는 파사드의 예상치 못한 변형가능성을 줄이는 방법까지 제시한다. 다른 디지털 제작방식과 같이, 접힌 외피는 전통적인 시공방법으로 구현되었다. Walker Art Center Expansion의 경우, 평평하게 이어지는 금속 지붕판과 이어지는 벽 패널로는 표준재료가 사용되었다. 그러나 이 작업들의 특별한 점은 건축가들이 어떻게 전통적인 'folding'을 받아들여 매우 명확하고 구축적으로 적용할 수 있는 다양한 시스템으로 활용하였는가에 있다. 이 장에 있는 프로젝트들은 표면, 볼륨, 구조를 만들기 위해 folding기법을 사용했다.

AEDS/Ammar Eloueini의 Nubik와 IwamotoScott의 In-Out Curtain은 표피에 대한 프로젝트들이다. 이 프로젝트들은 모듈화된 표면을 만들기 위해 일련의 유사한 조각들을 자르고 접기 위한 시스템을 개발하였다. Nubik은 아마르 엘루에니(Ammar Eloueini)의 프로젝트 시리즈 중 하나로 주름진 반투명의 폴리카보네이트의 발광성, 유연성, 조각적 잠재력을 실험하였다. 엘루에니 작품의 대부분이 삼각형 tessllation기법으로 구성된 직물 같은 표피로 이루어진 반면, 이 프로젝트에서는 표면이 선형의 가닥으로 굽이쳐 흐르는 것을 볼 수 있다. 각각의 가닥은 같은 재료로 만들어진 돌출된 포자(pod)들과 평평한 연결부재로 미세하게 변화하는 리듬을 표현한다. 이런 과정을 거친 결과물들의 집합체는 발광하는 구름과 같은 배열로 서로를 단단히 고정된다.

IwamotoScott의 In-Out Curtain도 folding에 의해 유연성 있는 결과물을 만들어 냄과 동시에 투영되는 빛을 분산시킨다. 이 디자인은 접힘과 주름을 이용하여 모듈유닛을 만들고 유닛간에 서로 묶고 결합하여 하나의 큰 형태를 이루는 방식의 종이접기 모듈(modular origami)을 조립의 원리 삼았다. 각각의 모듈은 두 개의 서로 다른 모양(닫히고 오목한 모양과 열리고 볼록한 모양)이 서로 지탱 시켜주는 방식으로 디자인 되었다. 전체적인 모양이 휘어질 때, 모듈들은 각각의 형태변형이 인접한 영역으로 옮겨가 다양한 형태를 가지는 커튼과 같은 모습을 만들어 낸다. 이 경우, folding기법이 구축하는 기법일 뿐만 아니라 동적인 구조시스템으로 이용되는 것을 볼 수 있다.

두 개의 프로젝트가 두께와 깊이에 변화를 주었지만, 표면의 상태는 그대로 유지되었다. 다른 프로젝트들은 folding 기법을 통해 볼륨을 만드는데 초점을 두고 있다. 종이박스나 종이백 그리고 이와 비슷한 제품들을 통해 알 수 있듯이 folding은 3차원 형태를 구현하는 효과적이고 명쾌한 방식이라는 것을 알 수 있다. folding은 큰 빈 공간을 구성하기 위해 많은 재료가 요구되지 않고 충분한 강도를 확보할 수 있다. 즉, 볼륨대비 무게에 있어 folding은 매우 효과적인 방식이다. 크리스 보스(Chris Bosse)의 Entry Paradise Pavilion와 히토시 아베(Hitoshi Abe)의 Aoba-tei restaurant을 포함한 다음의 프로젝트들은 볼륨의 생성에 중점을 두어 설계한 작품이다. 이 두 프로젝트는 마치 옷을 만드는 과정같이 진행되었다. 여기서는 섬유나 금속판의 유연함을 이용한 folding기법을 통해 볼륨을 생성한다. 옷을 만드는 것과 같이, 그것들은 재단되고, 펴지고, 이어짐으로써 최종적 형태에 도달한다. 특히 이 두 프로젝트에서는 유연한 볼륨을 나타내기 위한 적절한 재료를 선택하는 것이 중요한 부분 이였다.

2006년 독일의 한 전시를 위해 디자인된 크리스 보스(Chris Bosse)의 Entry Paradise Pavilion은 비누거품의 형태에 근간을 두었지만, 경량 라크라(Lycra)직물의 인장력을 이용하여 구현된 것이다. 디자인은 비누표면의 선들과 표면 장력을 물리화하여 루프(loop)형태로 구현했다. 이 꿰매어진 이음매들은 튜브형태와 확장되어 연속적인 인장 구조물을 형성하기 위한 것이다. 하지만 크리스 보스의 파빌리온에서, 하나하나의 가닥들은 루프형태와 상당히 대조적인 부분을 나타낸다. 이 파빌리온은 내부압력과 인접한 셀(cell)들 사이의 압축력을 만들기 위해 휘어진 모양의 링으로 만들어 졌고, 이로 인해 전체 셀들의 조직적 구성을 구조적으로 더욱 강하게 한다. 다른 한편으로, the Entry Paradise Pavilion의 디자인은 최소의 표면면적을 가지는 텐트 구조로부터 구현의 단서를 찾을 수 있었으며 이러한 건축기술의 잠재력을 확장 시킬 수 있었다. 보스는 표면 형태를 발전시키고 재료의 내부 장력을 균일하게 조정하기 위해 선박의 돛을 디자인하는 소프트웨어를 이용하였다. 그 결과 천장과 바닥의 부착점에 장력을 만들어 팽팽한 표면을 만들어냈다. Entry Paradise Pavilion는 쉽게 휠 수 있는 재료들을 꿰매어 부드럽지만 접혀진 표면을 가진 공간으로 구현되었다.

이와 같은 '부드러운 휨(soft bend)' 은 히토시 아베의 Aoba-tei restaurant 인테리어에서 주형과 타공에 의한 발전된 디지털 제작기법과 folding 기법을 함께 적용하여 구현된 것을 볼 수 있다. 2.3mm 두께의 강철로 이루어진 내피는 평면 판이 접힘으로써 공간으로 만들어 진 것으로 인식된다. 실제 시공을 위해, 철판의 두께와 강성을 고려하여 3차원으로 디자인된 형태를 2차원의 평평한 판으로 펼칠 수 있는 선박디자인 기술을 이용하였다. 선박을 만드는 사람들은 강철판을 조립하고, 형태를 만들고, 용접하는 경험을 가지고 있다. 이 프로젝트의 본질은 디지털 공정으로써 folding에 의한 것이지만 강철은 현장에서 쉽게 접을 수 없는 재료이다. 대신, 작업팀은 인접한 철판들을 따라 그것을 가열과 냉각에 의해 변형하여 형태를 만들어 냈다.

이 작품에서 또 다른 종류의 자동화된 제조 기술인 천공(Perforation)의 활용은 진보된 디지털제작 프로세스일 뿐만 아니라 시뮬레이션된 건축적 효과를 통해 자연의 요소를 추상화하고 표출하는 강력한 디자인 기법으로 쓰인다. 전체 인테리어 작업에 쓰인 천공에 의한 얼룩 패턴들이 나무 캐노피를 은유적으로 표현하여 분위기를 자아낸다. 각각의 패널들은 구부려져 가공되기 전에 CNC머신에 의해 15mm의 격자 위에서3가지 다른 사이즈의 구멍으로 천공 된다. 이 구멍이 뚫린 내피는 조명으로부터 수천 개의 구멍으로 비치는 빛에 의해 깊은 숲을 경험하게 한다.

마지막으로, 현 시대의 건축가들은 이전 세대와 같이, 건축의 구조로서의 folding의 이점을 이용하여 도약해나가고 있다. 위에 언급된 작품들에서는 folding된 형태를 통해 구조가 만들어진 반면, 다음의 작업에서는 재료의 folding이 구조적 기술로 쓰였다. 특별히 두드러지는 것은 재료의 크기를 기반으로 스케일을 줄이고 구조의 분산모델을 만들어 냈다는 것이다. 이 프로젝트들은 구조적인 표면과 그의 결과로 나타나는 시각적이고 재료적으로 함축된 의미를 보여준다. 크리스

FROM LEFT:
Diagram of Weaire-Phelan structure. Courtesy: Nick Karklins

Chris Bosse/PTW Architects, *Watercube*, 2008. Photo: Chris Bosse

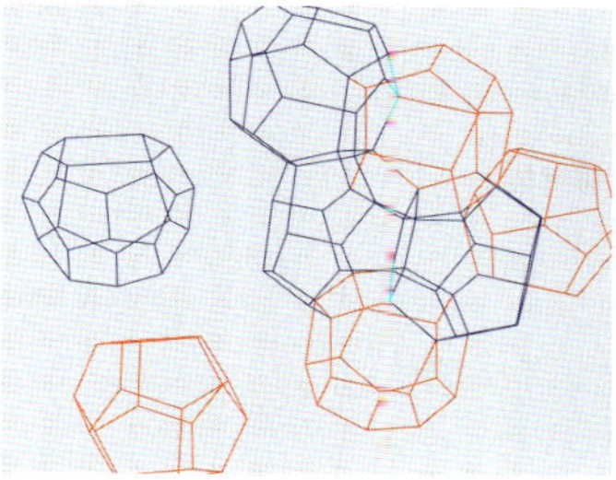

보스의 디지털 종이접기, Andrew Kudless의 C_Wall and Manifold 그리고 EMERGENT'S Tom Wiscombe의 Dragonfly 가 그 대표적인 작품들이다.

Digital Origami와 C_wall은 판(sheet) 재료를 구조적인 블록으로 변형시켰다. 두 작품 모두 적층할 수 있는 모듈을 만들기 위해 레이저 컷과 새김(engrave) 그리고 folding을 이용한다. 그러나 디자인 개념과 결과물은 매우 상이하게 나타난다. PTW Architects의 보스(Bosse)는 2008 베이징 올림픽의 국제 수영센터의 구조적 외피 디자인에서 최소 수의 셀을 이용하여 시각적 다양성을 극대화하였다. 워터큐브(watercube)로 알려진 이 작품은 폼(foam)기반의 ellular와 weair-phelan구조(동일한 크기의 거품과 같은 3차원 폼 구조)를 사용하여 가장 효율적인 세포분할배치를 할 수 있었다. 또한 워터큐브는 불규칙 다면체의 두 가지 타입으로 구성되어 있는데 6개의 14면체와 2개의 12면체가 더 크게 짜인 단위를 형성하기 위해 서로 묶인다. 워터큐브가 내피와 외피를 만들기 위해서 충전된 큰 블록 셀들을 잘라내는 반면, Digital Origami는 3,500개의 재활용 카드보드지를 유기적으로 합친다. 프로젝트의 실제 구현 기법은 단순하지만 시각적으로는 상당히 복잡하게 보인다. 상향식 (bottom-up) 구조 논리는 실제 사이트상의 디자인 변화를 가능케 한다. 셀들은 다공성을 위해 생략되어 있고, 외부 쪽은 확장 할 수 있는 여지를 두었다. 그리고 실제 사이트의 조건과 상황에 맞게 무한히 구조를 바꿀 수 있게 디자인 되었다.

이와 대조적으로, 앤드류 쿠들리스(Andrew Kudless)의 C_Wall의 단위세포는, 정의된 볼륨을 채워나가는 방식으로 설계되었다. 보로노이 형태의 세포는 형태의 깎인 면에 투영된 점들을 이용하여 컴퓨터 스크립트에 의해 생성되었다. 정형화된 8가지 모듈의 Digital Origami와는 다르게, C_Wall의 셀들의 모양은 다 독특한데, 서로 다른 모듈들이 특별한 방식으로 합쳐져 완전한 하나의 형태를 구성한다. 단위 셀들은 복잡하고 다양하지만, 전체 면을 이루는 조각들이며 이것들은 유기적이고 구축적이다.

또한 Digital Origami는 상향식, C_Wall은 하향식으로, 서로 다른 디자인 과정을 가지고 구현됐다는 것을 짚고 넘어갈 필요가 있다. 모두 레이저 컷을 이용하여 펼치거나 다시 접어서 빌딩 블록을 만들고, 이러한 단위체들의 조합에 의해 분산구조체가 만들어 진다. 하지만 각각의 모듈에 있어 위계는 반대였다. 디지털 제작기법은 이러한 모듈화된 시스템의 디자인을 용이하게 하였다. 특히 컴퓨터를 이용한 스크립팅(Scripting)은 성장 패턴 그리고 전체와 부분과의 관계를 만들어 내는 진보된 디자인 기법을 가능케 하였다. 그것은 이 책의 범위를 넘어 생성, 진화, 형태형성, 또는 생채모방적인 프로세스를 탐구하는 것이지만, 이들 작품 각각의 종류와 규모가 이러한 종류의 연구를 위한 가치 있는 실험의 초석이 된다.[4]

이 장의 마지막으로 다룰 Manifold 와 Dragonfly 두 프로젝트에서는 세포의 배열에 따른 전체적 형태와의 관계를 다루는 것을 볼 수 있다. 이전에 보았던 프로젝트들과 같이 이 작품들 역시 자연에서 발견되는 시스템에서 시작된다. Manifold가 벌집구조를 이용한 반면 Dragonfly는 잠자리의 날개구조를 이용하였다. 순수한 기하학적 유닛이나 분절된 내용물을 개발하기 보다 프로젝트들은 부분과 전체 사이를 디자인 했다. 그것들은 자가 조직능력이 있지만, 내부적 시스템과 전체 구성이 서로를 조절한다. 건축가들은 이러한 절충 방법을 묘사하기 위해 구조적 모델을 자연적 시스템으로 전환하였다.

Manifold의 벌집 패턴은 목표 성능기준에 따라 조절된다. 앤드류 쿠들리스(Andrew Kudless)는 정면 및 후면 벽의 조절과 오차에 기반하여 완전한 육각형 형태를 변형할 수 있는 라이노 스크립(Rhino script)을 개발하였다. 뒤틀린 육각형은 벽 구조의 시각적인 조밀도, 지지력과 구조적 이음매에 의해 내부의 역동성을 가진 위상적인 완전성을 유지한다.

마지막으로 2007년 EMERGENT가 엔지니어링 회사 Buro Happold와 공동으로 SCI-Arc Gallery을 위해 개발한 Dragonfly는 극단적인 구조와 잠자리 날개의 일반적인 속성을 실험하였다. EMERGENT의 대표자인 톰 위스콤(Tom Wiscomb)은 이렇게 말한다: "잠자리 날개는 구조적 성능과 형식적 변이에서 필적할 것이 없다. 그것의 형태는 어떤 하나의 생물-수학적 최소 또는 최적 조건에 의해 만들어 질 수 없으며, 다양한 힘의 흐름 및 재료의 특성에 반응하여 혼재된 다수의 패턴 체계의 복잡한 결과물이다."[5] 디자인 과정은 반복적으로 전반적인 형태, 단위 셀의 형태 및 단 깊이가 서로 관계를 가지기 위하여 경계의 상태를 이용하는 동시에 극적인 캔틸레버를 지탱하기 위한 구조적 변형을 발생시킨다. 그러나 다른 좋은 건축물들과 같이 이 프로젝트는 단순히 구조적 결정론의 단면만 반영하고 있지는 않다. Dragonfly는 구조적 성능과 시각적 다양성을 동시에 추구하며 발전하였다.

캔틸레버를 구현하기 위해서 EMERGENT와 Buro Happold는 지역적 특성에 대응하는 변환공식을 만들어 냈을 뿐 아니라 구조를 견고히 하기 위해 디지털적으로 최적화시키는 방법을 적용했다. 이러한 시도는 파라매트릭적인 디지털 제작과정에 전적으로 관련이 있다. 3차원 컴퓨터 모델로부터 2차원 CAD템플레이트를 추출해내는 전형적인 선형 프로세스 보다, 모델링 환경 안에서 이 둘을 상호연계 시켰으며, CATIA 프로그램에서 각각의 재료 두께와 이음매 그리고 볼트의 구멍까지 정확히 만들어 냈다. 부재들에는 설치 위치와 구부리는 각과 같은 관련 정보가 디지털 방식으로 분류 표기되었고, 컴퓨터 모델로서 자동적으로 펼쳐졌다. 마지막 반복과정에서 이 템플릿들은 라이노 네스트(Rhino Nest: 재료의 사용을 극대화 시킬 수 있는 내부프로그램)을 이용해 1.2m X 2.4m의 알루미늄 판이 배열되고 CNC 조각기로 절단된다.

모든 건축시공 과정에서처럼, 건축형태를 구현하는 것은 부정확한 작업이다. 디지털 제작과 같이 매우 정밀한 방식도 재료의 변형, 제작방법의 한계, 그리고 여러 가지 물리적 제한으로 인해 아직까지 많은 어려움이 있다. Dragonfly도 예외는 아니었다. 알루미늄 자체의 수축과 팽창뿐 만 아니라 알루미늄 판을 구부릴 때 발생하는 각도와 접힌 정도의 근소한 오차가 예상치 못한 결과를 낳게 된다. 여기에 언급된 작품들은 디지털 모델의 정확성과 재료의 변화에 대한 영향을 함께 고려하여 구현된 것들이다. 알루미늄 띠들이 위치에 고정될 때에 볼트 구멍도 완벽하게 일치할 수 있는 예측을 하여야만 했다. 한번 매달게 되면 캔틸레버의 구성은 단일의 결합된 유닛으로 반응하게 되고 통합적인 건축적/공학적 디자인 접근방법을 명확히 증명하게 된다.

Dragonfly는 folding기법으로 띠의 깊이를 스팬으로 적용하여 구조적 성능과 측면부재와의 연계를 실현하였다. 이 장에 언급된 모든 프로젝트에서 알 수 있듯이, folding은 형식적으로 또는 기능적으로 계획 전체에 있어 실제적인 작동 언어로써 매우 중요하게 쓰이고 있다. 특히 folding은 재료의 특성을 이용하기 좋은 기법이다. 재료들이 가진 한계들 때문에 folding이 구조적으로 효과적인 기법으로 활용되며, 이는 디자인의 시작부터 물리적 특성이 고려되어야 한다는 것을 말해준다.

All photos: Tom Wiscombe/EMERGENT

Dragonfly
Tom Wiscombe/EMERGENT, 2007

이 작품에서는 잠자리의 형태와 규칙(syntax)이 디자인 생성논리로 쓰였다. 이는 단순히 잠자리의 겉모습보다는 형태와 행위를 만드는 내재적 논리가 쓰였다고 할 수 있다. 잠자리 날개들은 기체역학, 가벼움, 기계적 요소, 컴포지트 성능, 유기 물질의 원활한 축적, 그리고 잠자리 혈액의 활발한 흐름의 진화과정에 의해 만들어진다. 그것들은 유연하고 막(membrane)의 특성을 지닌 벌집 패턴과 빳빳하고 기둥과 같은 특성을 지닌 사다리와 같은 패턴으로 이루어져 있다. Dragonfly는 중력과 하중, 지지하는 정확한 지점과 이 지지점들의 특성, 평평한 재료의 증가, 접합 실패와 같이, 예상할 수 없는 하이브리드 형태를 만들어내는 서로 다른 변수들에 의해 결정된다.

Dragonfly는 EMERGENT와 혁신적인 엔지니어링 회사 Buro Happold의 공동의 노력으로 만들어낸 합작품이다. 이 실험은 현 디지털 환경에서 디자인 감각, 공학적 혁신, 그리고 제작 논리의 유기적 피드백을 통한 전래 없던 실험이었다. 이 과정은 문제를 해결하거나 경제성에 가치를 둔 공학을 자연에서 종을 형성하는 것과 같은 혼란스러운 진화 과정으로 재정의 한다. 기하학적 형태는 전체 구조적 형태에 따른 경계의 상태, 각각의 세포 형태, 시맥(Vein: 곤충의 날개에 무늬처럼 갈라져 있는 맥)의 분배와 주름형태, 깊이 그리고 증가하는 재료 두께에 근거하여, 성능과 다양한 변이를 위해 진화되었다.

1

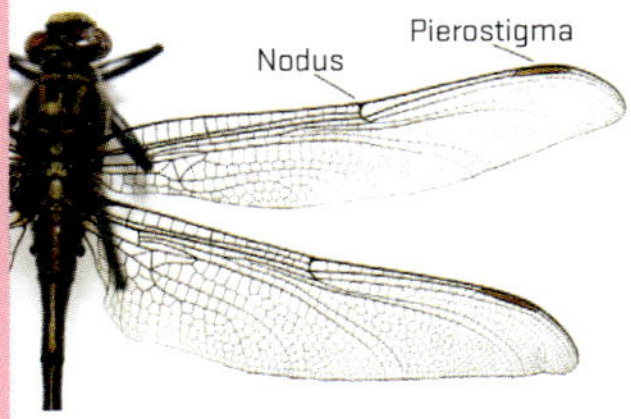

2

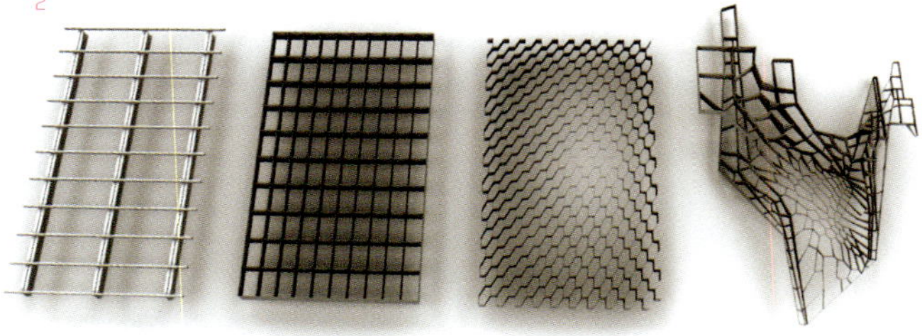

3

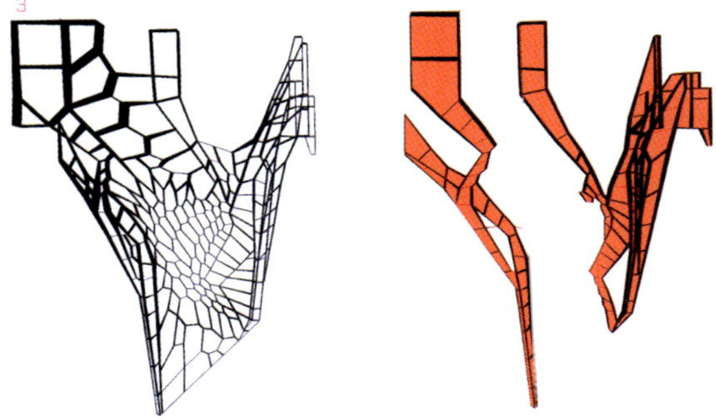

1 Dragonfly-wing structure.
2 Structural grid morphologies.
3 Final plan with projected continuous structural ribs.
4 Deformation analysis.
5 CATIA model.
6 Structural stress analysis.
7 Drawing of layered plates showing connection locations.

4

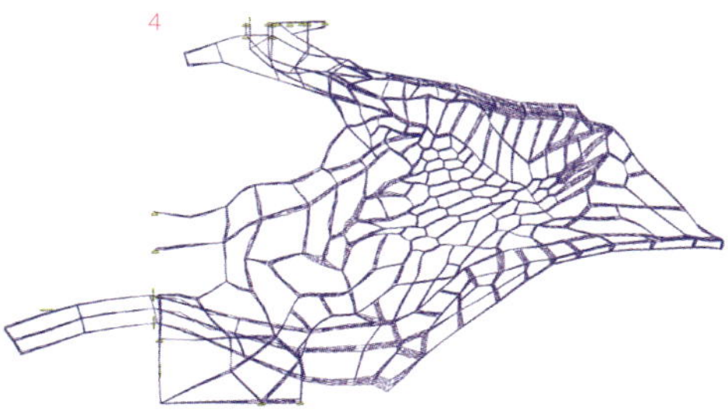

6

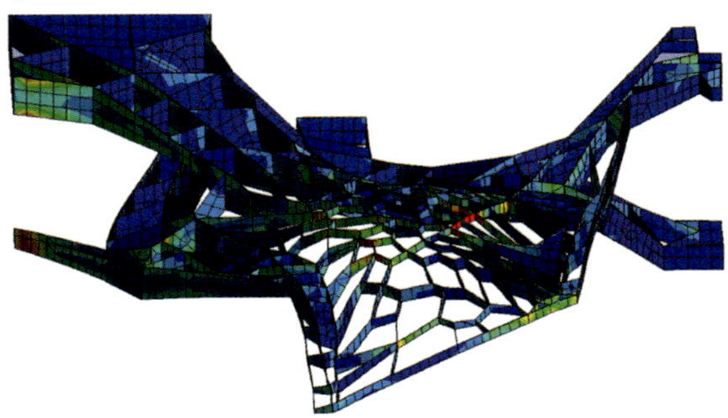

5

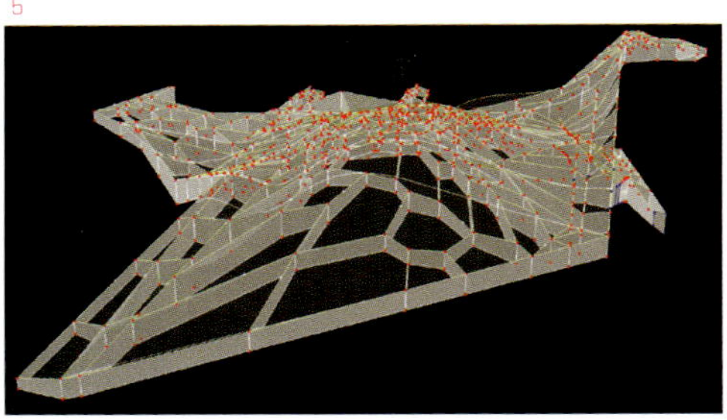

7

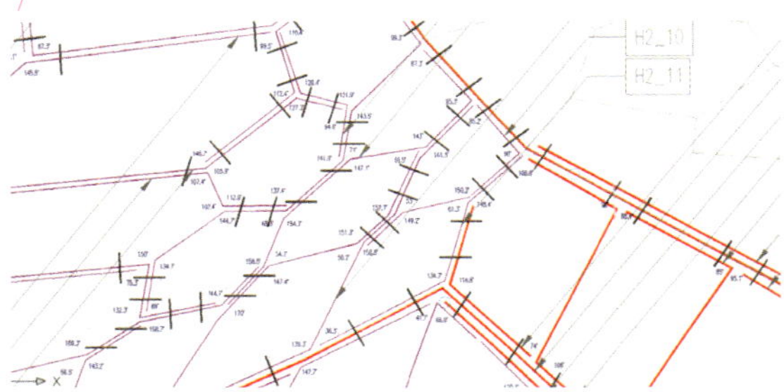

8

9

10
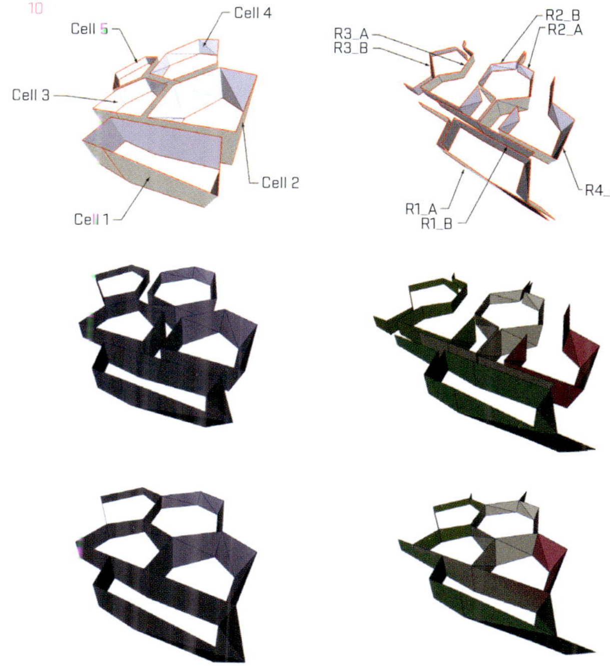

8 Laser-cut model.
9 CNC-routed ribs from aluminum plate for mock-up.
10 Digital model of test piece for mock-up.
11 Mock-up.
12 Assembly.

12

11

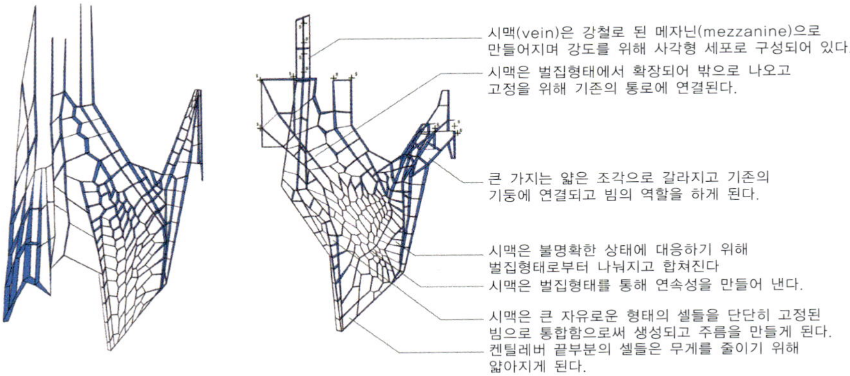

ABOVE: Plan view of structural morphology.
BELOW: Completed installation from above.
OPPOSITE ABOVE: Completed installation from below.
OPPOSITE BELOW: Plan.

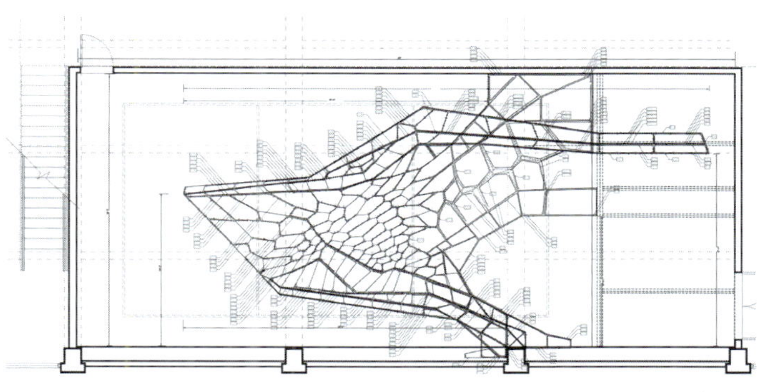

All photos: AEDS/Ammar Eloueini

Nubik
AEDS/Ammar Eloueini, 2005

Nubik은 2005년 미주리주 캔자스시의 그랜드 아트 갤러리에서 열린 "Mash-Up!" 이라는 전시를 위해 설치된 작품이다. 8개의 연속적으로 접힌 줄기들이 케이블에 의해 천장에 매달려 전시가 되었다. 이 줄기들은 다양한 크기의 포드형태(pod)로 만들어졌다. 각각의 줄기들은 유사한 디자인 원형에서 출발했지만, 완성된 디자인에서는 서로 다른 모습을 보인다. 줄기들은 태양직사광선의 분산을 위해 기존의 천창 밑에 위치시켰다. Nubik은 기존의 공간구획을 유지하고 전시 공간이 다양한 전시를 위한 기능할 수 있게 디자인되었다. 이 작품은 매우 가볍고 구조적으로 안정한 상태를 유지할 수 있는 반투명의 매끄러운 폴리카보네이트(polycarbonate)로 만들어 졌다. 이 패널들은 쉬운 설치, 수정, 분해가 가능할 수 있도록 간단하게 케이블타이(Cable-tie)로 고정된다.

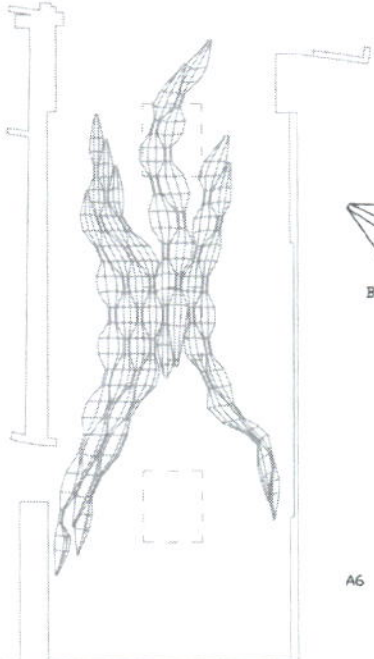

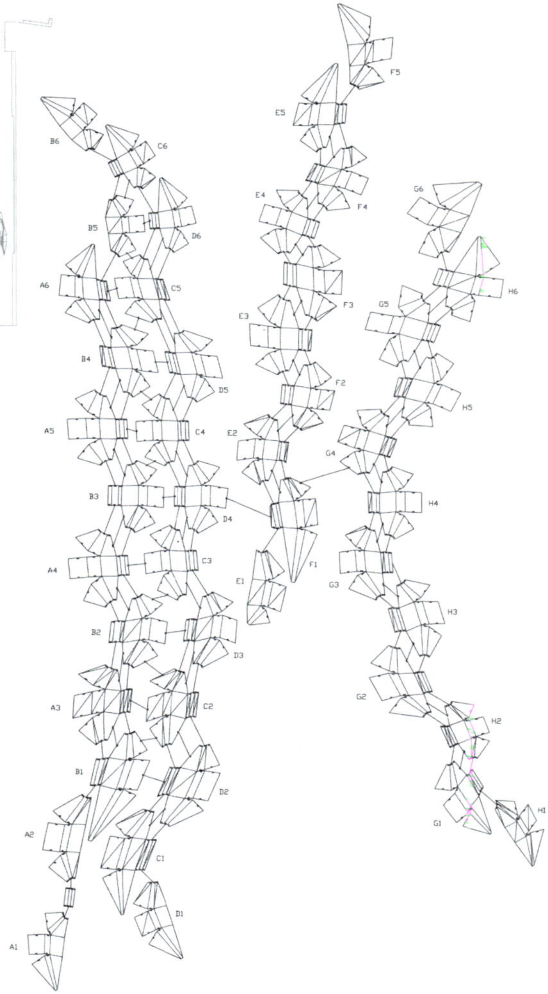

ABOVE: Study model.
LEFT: Unfolded plan of folded surfaces.
BELOW: Assembly and installation.

All photos: IwamotoScott

In-Out Curtain
IwamotoScott, 2005

In-Out Curtain은 유연하고 사용자에 반응하는 시스템을 만드는데 초점을 두고, 종이접기(origami)와 디지털 제작의 개념을 조합하여 개발한 동작 가능한 스크린의 프로토타입이다. In-Out Curtain은 혼합된 장식과 베네치아식 블라인드(Venetian blind)를 염두에 두고 디자인 되었으며, 전체와 모듈 레벨에서 동작하고, 단면과 전체 계획에서의 모양을 바꿀 수 있다. 그것은 방 파티션, 칸막이, 창문 블라인드 등으로 다양하게 변형 가능하며 움직임, 상호작용, 빛의 조절을 위해 형태가 수동으로 변화 가능하다.

커튼을 구성하는 모듈들은 안팎의 두 개의 뚜렷하게 구분되는 형태를 유지하기 위해서 디자인 되었다. 그 둘의 위치는 내부의 장력에 의해 유지되며, 위치 교환을 위해 일정 정도의 유연함은 가지고 있다. 각각이 연결 되었을 때, 모듈 자체의 변형이 인접한 모듈로 퍼져나가 커튼 모양을 다양하게 변화시킨다.

전체적인 패턴은 쉽게 수정된다. 이것은 그 커튼이 특정 공간의 크기에 설계될 뿐만 아니라, 내부의 변형에 체계적으로 대응한다는 것을 의미한다. 결국, 이 프로젝트에서는 간단한 명령어로 펼쳐지고 평면화된 모듈 템플릿들을 만들어내고 쉽게 다양한 형태를 만들 수 있는 유연한 디자인과 제작시스템을 실현하였다.

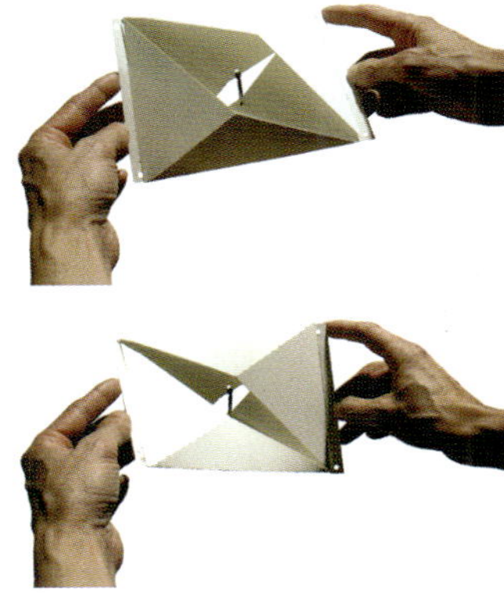

ABOVE LEFT: Wrapped operable modules.
ABOVE RIGHT: Unfolded interlocking modules.
BELOW: Initial prototype made of card stock.

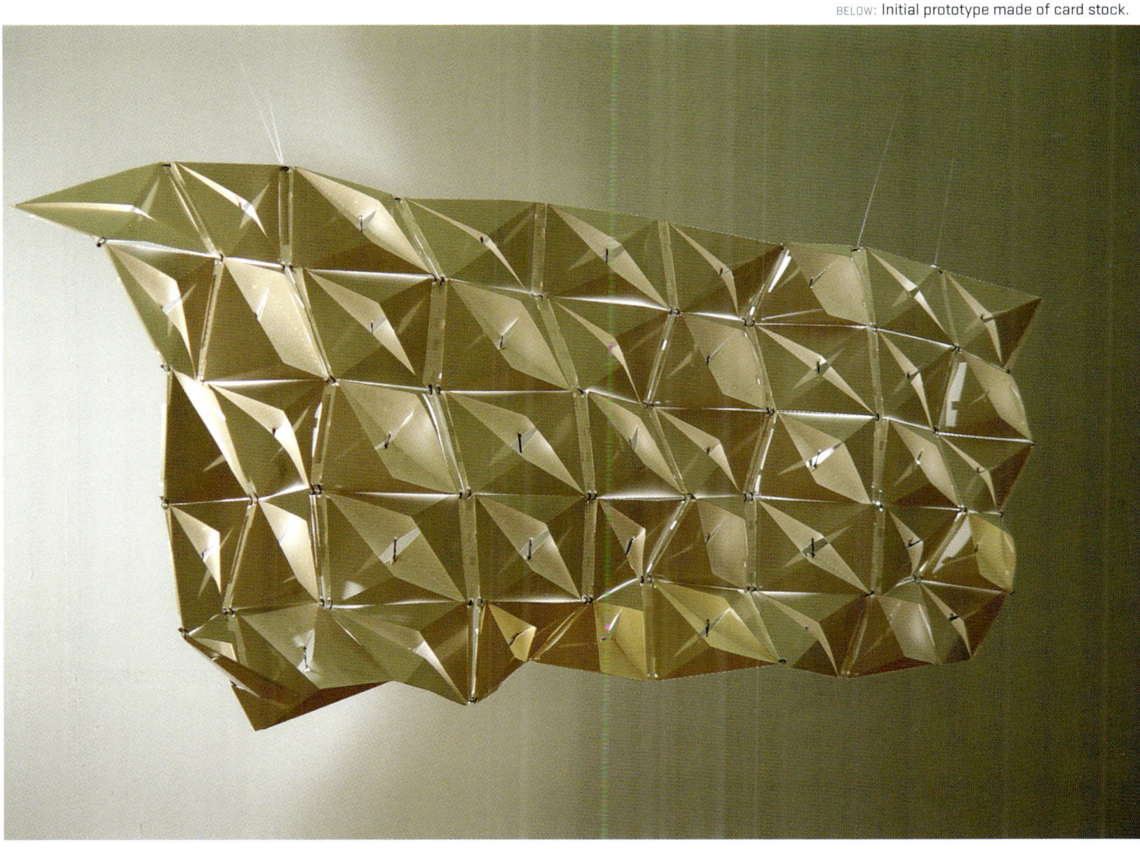

All photos: Chris Bosse

Entry Paradise Pavilion
Chris Bosse/PTW Architects, 2006

스티로폼, 스폰지, 산호초 등의 비정형적인 자연의 형태가 연상되는 미세한 셀 구조(Microscopic cell structures)가 이 파빌리온의 디자인 동기였다. PTW 건축가 크리스 보스(Chris Boss)는 건축 소프트웨어를 사용해 이런 유기적 형태의 모양들을 만들었다. 산호충 또는 방산충 같은 미생물의 현상학과 구조는 자연적 진화시스템을 위한 컴퓨터 시뮬레이션의 기초이다. 파빌리온의 형태는 명쾌한 표현으로 디자인 되지 않았다. 그것보다 유기체의 세포, 광물의 결정구조, 비누거품과 같이 자연에서 발견되는 3차원적 공간의 가장 효과적 분할의 결과이다. 개념은 거미줄과 같이, 중력, 장력, 그리고 증가되는 유연한 재료를 쓰는 것이었다.

프로젝트는 전통적인 의미에서 구조의 적용을 포기했다. 대신에 공간은 최소의 장력을 가지고 벽, 천정, 바닥 사이에서 자유롭게 뻗어있는 가벼운 3차원적 조각물로 채워진다. 구조적으로 단단한 것처럼 보이지만, 실제로 부드럽고 신축성 있으며, 빛의 투영과 조명으로 채워진 매우 특이한 공간이다.

이 작품은 새로운 디지털 작업방식을 채용함으로써 매우 짧은 시간 동안에도 가벼운 재료를 이용하여 공간을 만드는 것이 가능했다. 자연의 진화시스템의 매우 복잡한 시뮬레이션에 기초한 컴퓨터 모델은 배의 돛(sail) 제작용 소프트웨어와 디지털 제작기계에 바로 전송 되고 입력된다. 파빌리온의 무게는 17kg 밖에 안되기 때문에 세계 여러 곳으로 수송되기 위하여 작은 가방 하나에 들어갈 수 있으며, 1시간 안에 조립이 가능하고 언제나 재사용이 가능하다

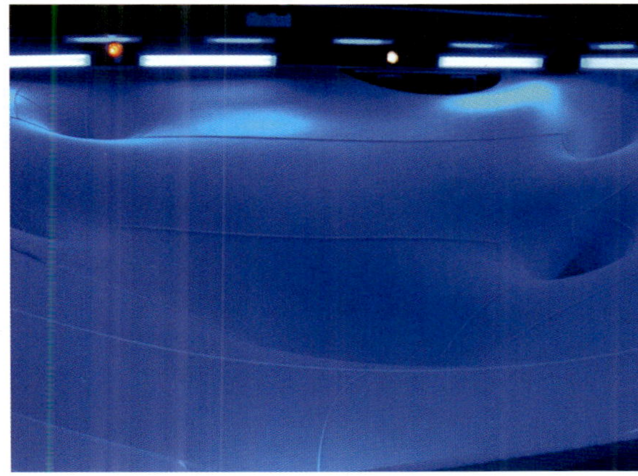

TOP: Views from above.
CENTER: Unrolled panels for CNC cutting and digital model of minimal surface.
BOTTOM: Project packaged for shipping to Germany.

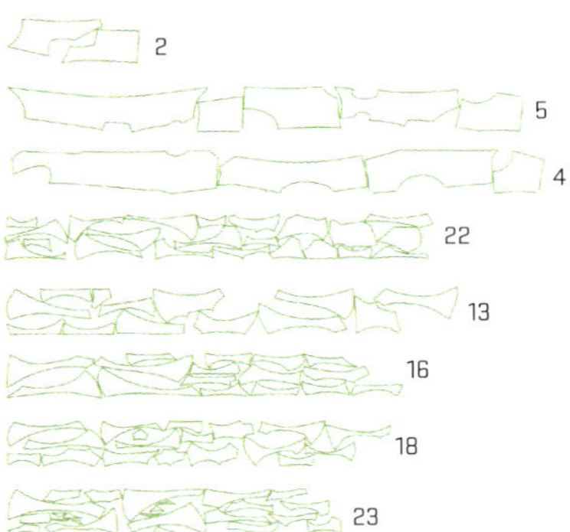

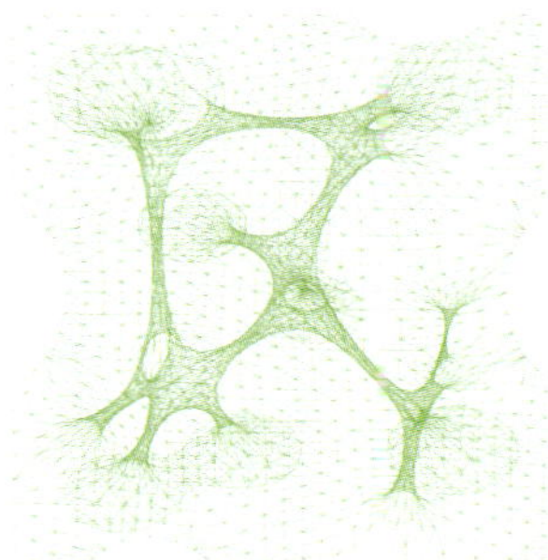

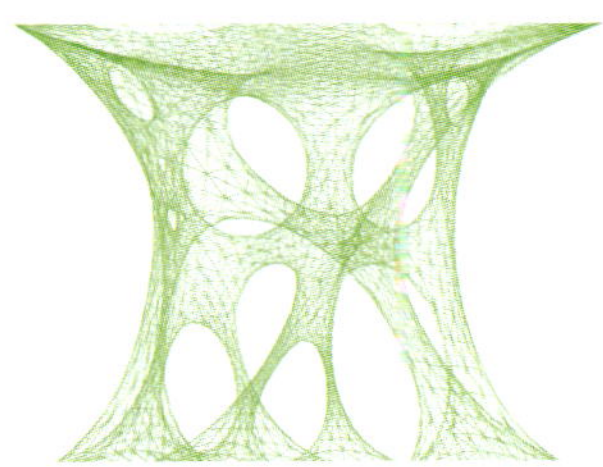

All photos: DAICI ANO/FWD.INC.

Aoba-tei
Atelier Hitoshi Abe, 2004

히토시 아베(Hitoshi Abe)는 일본 센다이에 위치한 프랑스 레스토랑의 인테리어로 얇은 철판으로 된 벽을 끼워 넣어 기존 건물의 1층과 2층 사이에 부드러운 경계면을 만들었다. 이 부드러운 경계는 센다이시를 상징하는 유명한 길가 느티나무들에 의해 정의된 공간으로 레스토랑의 내부 공간을 연결한다. 조명들은 내부벽 뒤로 설치되어 점묘화 같은 느티나무의 빛과 그림자를 실내공간에 재현했다.

내부 벽이 되는 2.3mm 두께의 금속 판들은 수치제어 천공기를 이용하여 수십만 종류의 다양한 크기의 구멍으로 가공되었다. 패턴은 느티나무의 디지털화한 이미지로부터 가져왔고, 포토샵에서 분해되고 재조립 되었다. 최종 그래픽의 수정은 아뜰리에 스텝들의 손에 의해서 완료되었다.

이 과정은 철판들이 접히기 전에 완료되었다. 내부벽은 뒤로부터 그것을 지탱하는 어떤 구조적인 틀을 가지고 있지 않은 모노코크 구조이다. 그러므로 패턴 구멍을 거처 가는 빛은 방해 받지 않는다.

철판들의 용접된 연결부위를 따라 그래픽 구멍들을 뚫는 방법이 없기 때문에 그 부분의 구멍들은 현장에서 조립과 용접 그리고 핸드드릴을 한 후 다시 표시된다. 기존 건물 내에서 얇은 철판을 이용한 복잡한 모양의 용접은 매우 어려운 작업임을 감안할 때, 실제 제작에 있어서 선박제작 기술을 이용하였다. 철판 고유의 성질을 잘 파악하는 장인은 열을 가하거나 냉각시켜 복잡하고 자유로운 형상을 만들어 낼 수 있었다. 그들은 3차원 입체를 2차원의 평면으로 변환하기 위해서 곡선을 만들기 위한 수공예적 기술을 이용하였다.

ABOVE LEFT: Folded skin with perforations.
ABOVE RIGHT: Interior view.
BELOW LEFT: Unfolded skin with perforation pattern.
BELOW RIGHT: Detail of perforations.

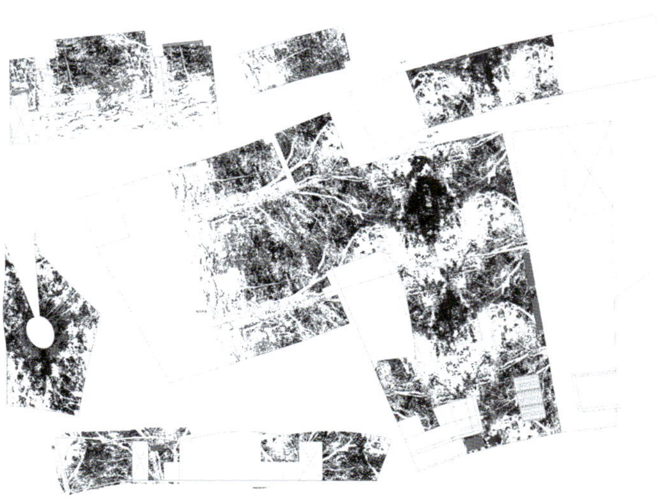

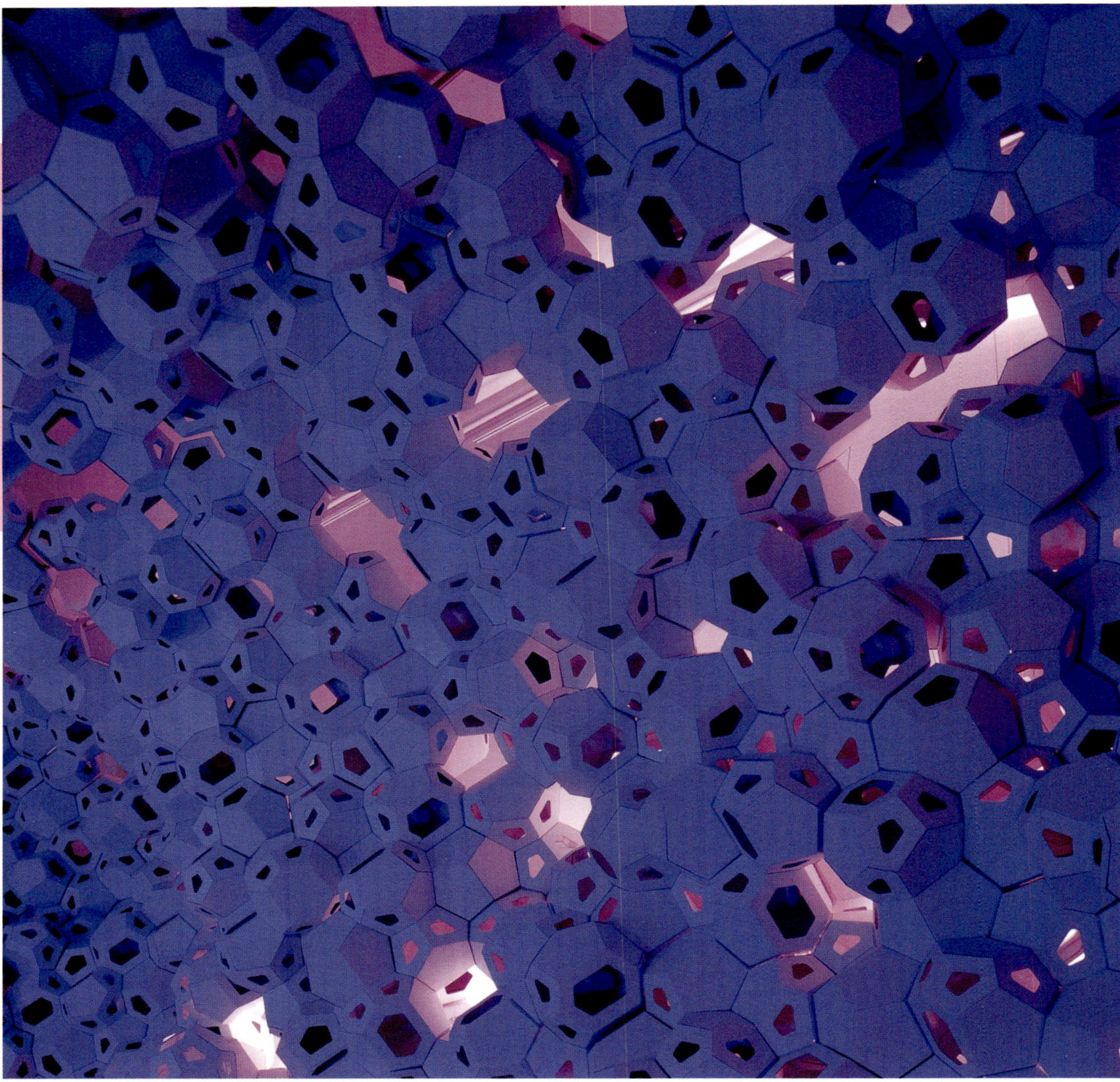

All photos: Chris Bosse

Digital Origami
University of Technology, Sydney/Chris Bosse, 2007

이 프로젝트의 목적은 작은 단위의 지능들이 모여 큰 지능의 시스템을 만들 수 있다는 전제하에, 자연으로부터 가져와 건축 공간화 시키는 특정 모듈의 적합성을 테스트하기 위한 것이었다. 각각의 요소들이 공생하여 환경을 만드는 암초와 같은 생태시스템(ecosystem:생태계)은 건축의 형태 은유로 쓰인다. 도시에 있어서, 아주 작은 집들이 만드는 공간들, 사용하는 에너지, 흡수하는 열과 습기는 그것들 개별의 성능에 따라 큰 조직적 시스템의 지속가능성을 결정한다. 3,500개의 재활용된 두 가지 모양의 카드보드지로부터, Digital Origami 는 기존 공간을 재해석한다.

CLOCKWISE FROM TOP LEFT: Exterior rendering of design; rendering showing nesting of two module types; interior rendering; unfolded modules; individual modules waiting for assembly on-site; module, second type; assembly; laser-cut modules from recycled cardboard.
BELOW: Completed installation.

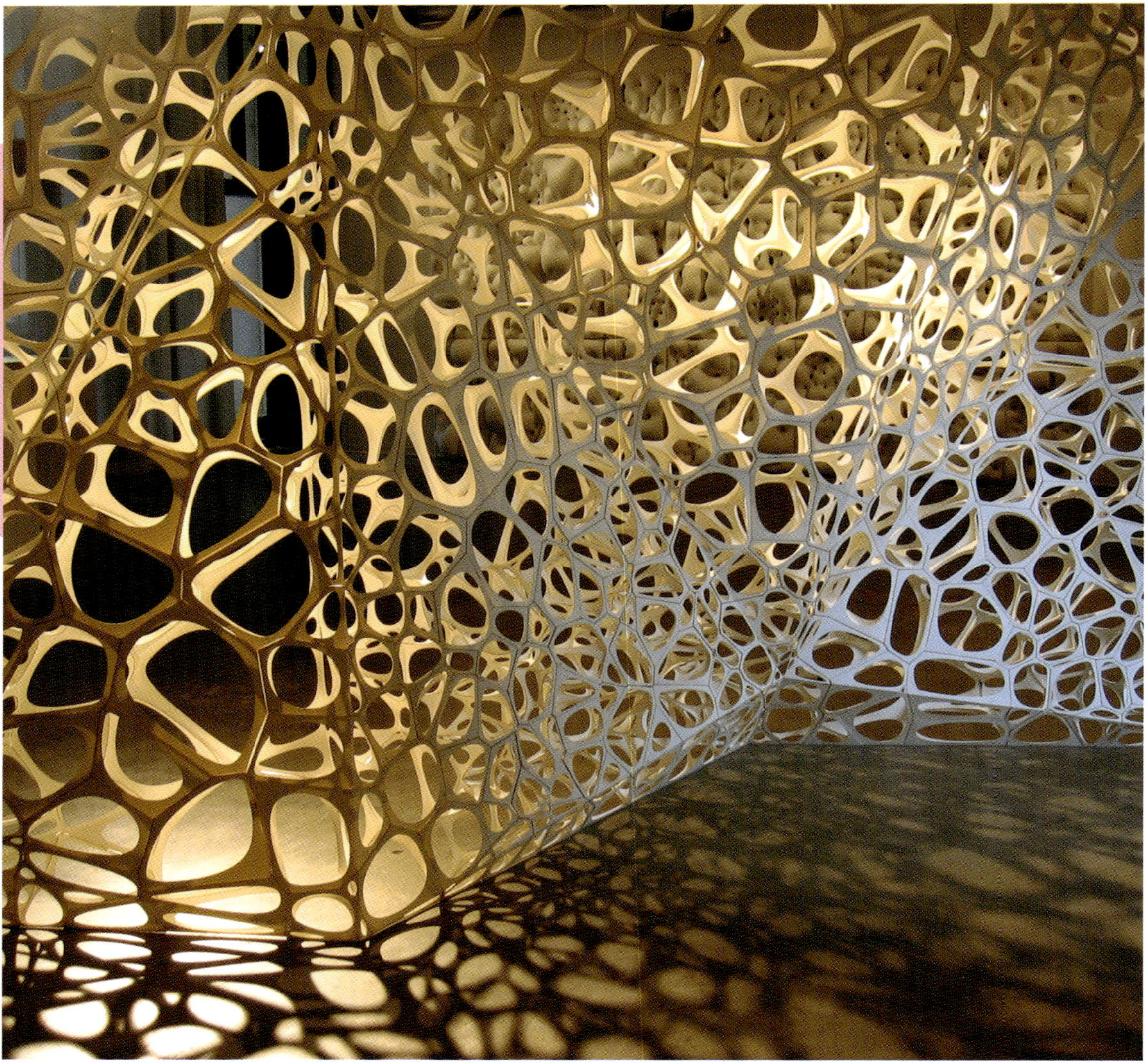

All photos: Andrew Kudless

C_Wall

Andrew Kudless/Matsys, 2006

C_Wall 은 앤드류 쿠들리스(Andrew Kudless)의 가장 최근 작품으로, 세포 집합 구조에 대한 연구를 보여준다. 이 프로젝트는 보로노이(Voronoi) 알고리즘을 이용하였다. 보로노이 알고리즘은 면을 분할하는 방법으로, 네비게이션, 동물 서식지 매핑, 그리고 도시계획 등의 폭넓은 분야에서 다양한 목적으로 사용되고 있다. C_Wall 의 경우, 보로노이 알고리즘이 점 기반의 데이터와 파티클 시뮬레이션으로부터 얻어진 정보의 해석과 구체화를 가능케 하였다. 이 과정들을 통해서, 점들은 입체적인 셀들로 변하고, 이것들은 펼쳐져 CNC로 재단되고 큰 덩어리로 재조립된다. 얇은 종이로 만들어서 아주 가볍지만, 그 구조는 무게 대비 굉장히 강하다. 게다가 이 벽은 서로 다른 셀 크기에 따라 재미있는 조명 패턴과 그림자를 만들어 낸다.

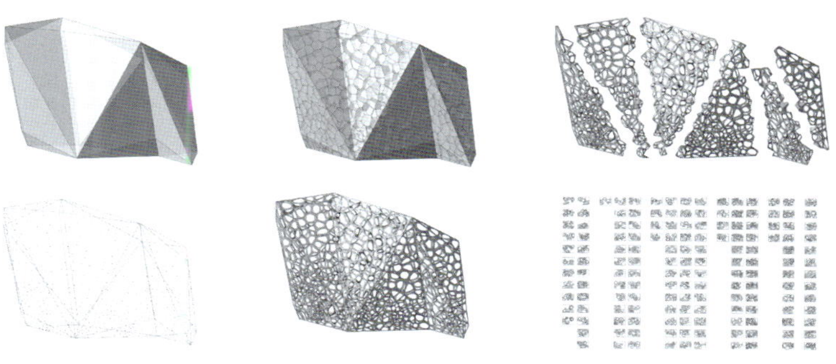

OPPOSITE AND ABOVE: Completed installation.
CLOCKWISE FROM TOP LEFT: Parametric massing model, cellular solids, panelization, fabrication layout, voiding, source map with point cloud from bitmap.

All photos: Francis Ware

Manifold
Andrew Kudless/Matsys, 2004

이 연구에서는 현재의 제작 기술이 생산할 수 있는 한계 내에서, 시스템이 가진 내재적인 기하학적 구조와 재료적 파라미터의 조절을 통해 다양한 성능적 요구조건에 충족할 수 있는 벌집 구조를 개발하였다. Manifold는 생태모방적인 접근법으로부터 건축적 제작을 할 수 있는 통합적이고 생성적 디자인 전략을 수립하고자 하는 열망에 기반하였다.

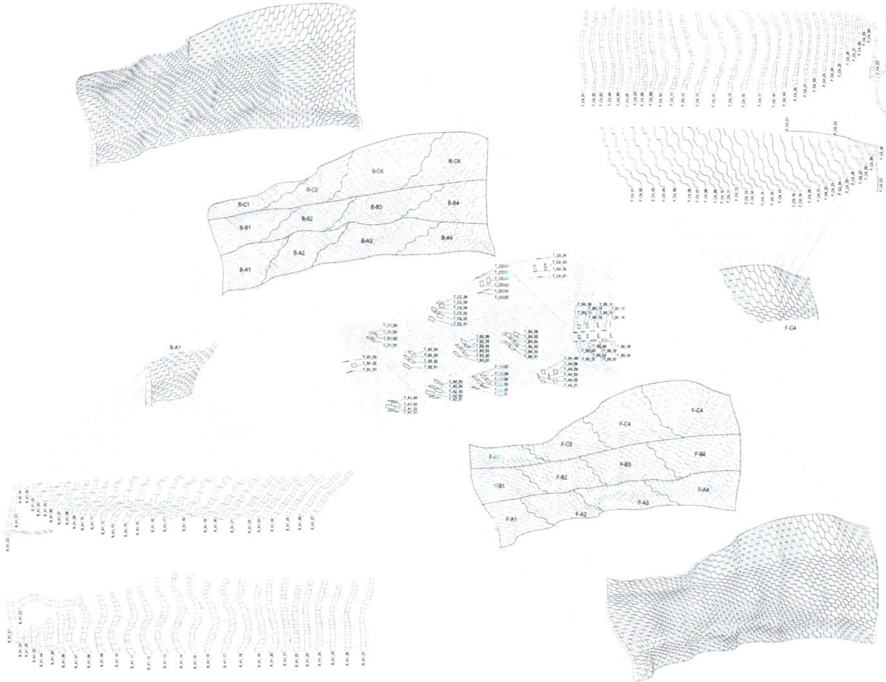

ABOVE: Exploded assembly diagram showing panelization and unfolded strips for front and rear surfaces.
BELOW: Completed installation.

Ruy Klein, *Tool-Hide*, 2006. Photo: Ruy Klein

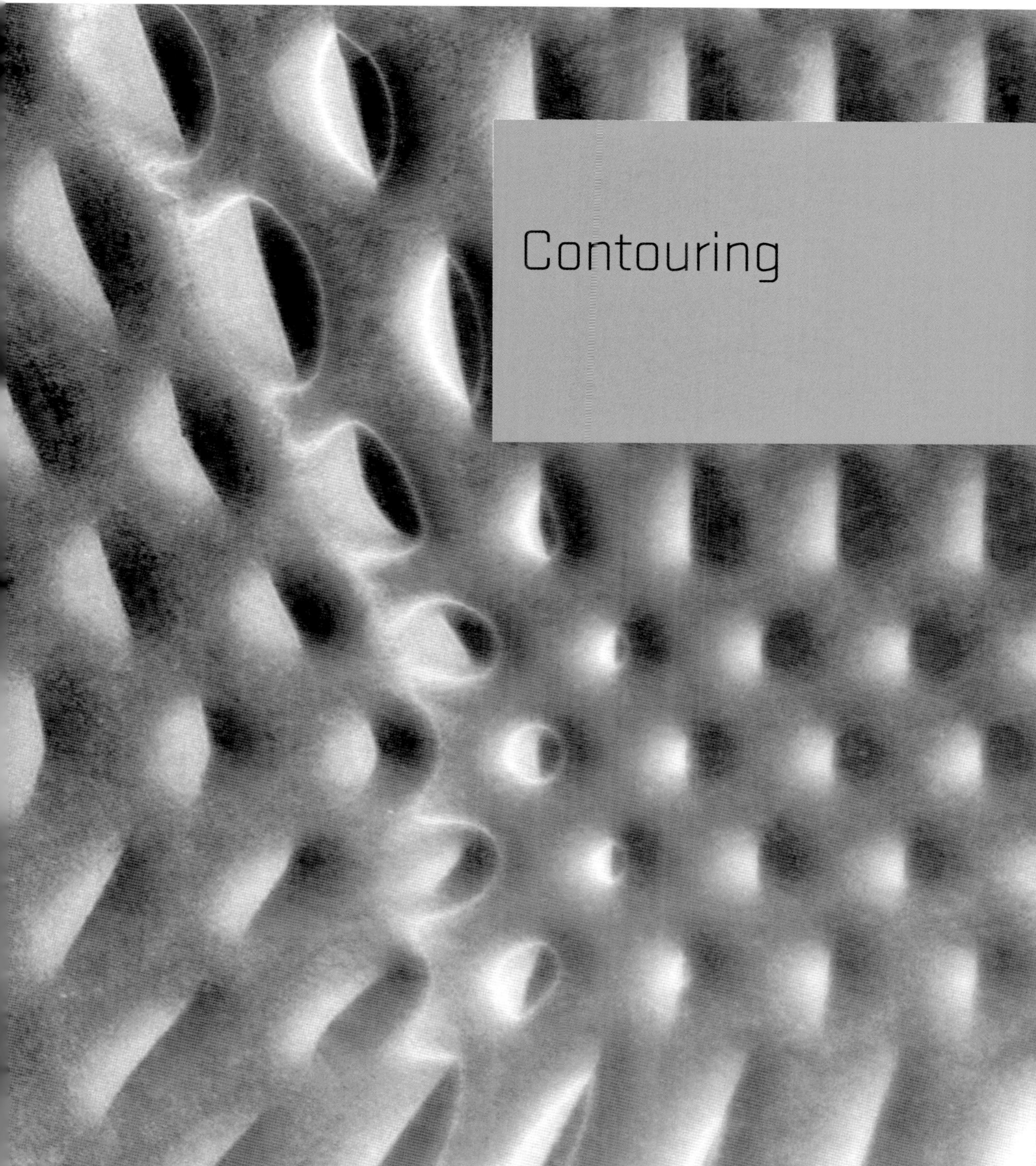

Contouring

건축 재료는 일반적으로 얇은 판으로 제작되며, 건축 자재의 대부분은 석판, 합판, 파티클보드, MDF, 합성 재료 등 매끈하고 평평한 재료이다. 이런 재료들은 일반적으로 두께를 가지고 있지만 본질적으로 2차원적인 표면이다. 윤곽형성(Contouring)은 이러한 표면의 재구성이고 재료의 연속적인 층을 제거에 의해 3차원적인 양각을 생성하는 기술이다. 제거하는 과정은 반복된 패턴을 조각하는 것과 비슷하다.

나무나 돌을 조각하는 공예나 건축행위는 유구한 역사를 가지고 있다. 그리스의 열주기둥, 프리즈, 석조건축, 자이나교(Jain) 사원, 그리고 무수한 다른 예들이 조각과 건축사이의 상호 심미적 생산의 증거이다. 이런 전통적인 기술이 발전해왔지만, 산업혁명 이후에는 생산품의 다양한 종류와 크기를 만들기 위해 요구되는 노동과 기계의 이용이 비용과 시간의 제한으로 인해 건축분야에서의 활용이 제한되어 왔다.

디지털 제작은 건축가에게 전통적인 수공예기술로만 이루어졌던 조각술을 초월 할 수 있는 방법을 제시한다. 사실상 디지털 공예는 현대의 새로운 도구를 이용하여 조각적, 장식적, 연속적인 면을 재창조하는 방법을 빠르게 만들어 가고 있다. 이러한 도구에는 CNC 라우터와 분쇄기(mills)와 같이, 디지털 모델로부터 도구의 경로정보를 추출하여 일련의 윤곽을 체계적으로 조각할 수 있는 것들을 포함한다. 그것들의 상응하는 아날로그 기계들처럼, CNC조각기는 목재나 알루미늄, 동과 같은 무른 금속을 사용한다.

일반적으로 건축적 규모에 사용되는 몇몇 종류의 기계들이 있다. 여기에는 2.5축과 3축의 CNC기계와 더 적은 축이거나, 5축짜리 기계가 있다. "축" 의 개수는 자를 수 있는 기계의 움직임의 정도를 숫자로 나타낸 것이다. 예를 들어 가장 많이 사용되는 3개축의 기계는 동시에 X, Y, Z축 방향으로 움직일 수 있다. 다시 말하면, 컷팅날은 평면상에서 어떤 형태라도 움직일 수 있으며, 동시에 상, 하로도 움직일 수 있다. 이 정도의 움직임은 거의 모든 패턴을 자를 수 있고 큰 판재에서도 사용할 수 있기 때문에 대부분의 상황에서 충분히 사용할 수 있다. 3개축 기계의 역량과 비교해 더 많은 움직임이 가능한 고급기계와의 근본적 차이점은 3개축 날의 끝이 회전하지 못하는 점이다. 그러므로, 3개축 기계는 언더컷을 만들거나 완벽한 3차원 물체를 만들 수 없는 반면에 5개축 기계는 가능하다. 이 확장된 범위의 작업은 한편으로는 제약을 없애지만 대부분의 경우에 필요가 없다. 건축가들은 3개축의 제한 안에서 창의적인 방법을 개발해왔다. 더군다나, 다른 복잡한 시스템에 비해 높은 확장성과 작동성, 크기, 그리고 속도에서의 장점은 이 기계들을 널리 쓰이게 하였다.

다른 디지털 제조 기술처럼, CNC절삭기는 컴퓨터 모델이 더욱 유연하게 실제 제작물로 구현되도록 한다. 또한 이것은 수많은 디자인과 제작기법의 가능성을 열어 놓았다. Contouring 과정에는 디지털 모델을 컴퓨터 제어 기기가 인식할 수 있는 형태의 언어로 변화시키는 과정이 필요하기 때문에, 이러한 작업을 돕기 위한 많은 종류의 소프트웨어도 존재한다. 가장 대중적인 프로그램으로 Mastercam, RhinoCAM, 그리고 SURFCAM을 들 수 있다. 각각의 경우, 프로그램은 사용자가 변수들을 정의하고, 크기를 정하고, 그리고 라우터 비트의 종류, 사용재료, 그리고 작업 경로를 설정하도록 요구한다.. 이런 작업이 간단하게 보일 수도 있지만, 그야말로 수천 가지의 물체를 자르거나 층을 내는 방법이 있다. 작업경로는 평행하거나, 나선형이거나, 부드럽게 연결하거나, 능선모양이거나, 경사질 수 있다. 기계의 특성과 재료의 한계를 고려하여 디자인 의도를 최대한 반영할 수 있는 방법을 선택해야 한다.

변수가 지정이 되면, 소프트웨어는 CNC기계에 맞추어진 프로그래밍 언어로 작업 경로를 성성한다. G-code라고 불리는 이 언어는, 각각의 명령의 집합으로 특정한 작업(축의 위치, 속도, 깊이 등)에 대해 여러 개의 작동명령을 나열 한다. 각각의 명령은 코드의 이름을 가지면서 G로 시작하는 문자로 분류되어 나열된다. 전문적인 기술자들은 G-코드 단계에서 라우팅 프로세

FROM LEFT:

Golden Fort, Jaisalmer, India.
Photo: Pavan Gupta

Example of tool-path visualization.
Photo: Matt Bitterman

Office dA, *Laszlo Files*, Graduate School of Design, Harvard University, 2002. Detail of drawer pull.
Photo: John Horner, Office dA

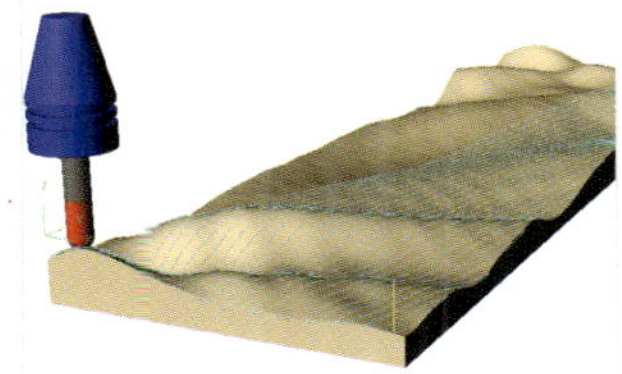

스를 입력하고, 다시 쓰거나 변화를 주며 새로운 코드를 입력하여 좀 더 세밀하게 기계조절을 한다. 그러나 대부분의 건축가들은 밀링 소프트웨어에서 제공되는 그래픽 인터페이스를 사용하려고 한다.

coutouring은 원래 고급소재를 사용하고 많은 시간이 소요된다. 제거하는 제작 과정에서처럼 CNC절삭기계는 재료를 원래의 판에서 제거하거나 블록을 부분으로 나누게 된다. 이 과정에서 많은 양의 재료가 낭비되는 동시에 남은 재료는 극단적 디자인과 노력으로 투자되는 것이라 볼 수 있다. 결과적으로, 건축가들에 의해 지속적으로 사용되는 contouring은 일반적인 건축 재료들을 놀라운 수준으로 발전시키는 것이라 할 수 있다.

예를 들어, 버나드 캐쉬(Bernard Cache)는 그의 저서 *Earth Moves: The Furnishing of Territories* 에서 무엇이 등고가 있는 언덕으로 되어야 하는지에 관해 보여 준다.[1] 사실, 이 작품은 CNC 절삭기계나 라우터에 의해 곡선으로 만들어진 나무합판의 조각이다. 이것은 가장 초기에 알려진 1대1 크기의 건축적이거나 조경적 크기의 디지털 제작 작품이었다. 나무합판은 줄무늬가 있는 등고선으로 읽혀지며, 물결무늬 지형과 같은 경로에 따른 조각에 의해 표출된다. 이 책에서, 캐쉬는 가구, 건축 그리고 지형의 외부와 내부 그리고 크기와 상관없이 들뢰즈의 folds 이론을 건축적 방법으로 적용하는 것을 제시한다. 건축가이자 가구 디자이너인 캐쉬는 물체의 주관적이거나 변화된 해석을 하기 위해서 그의 프로젝트를 예로 들어 설명한다. 캐쉬는 디지털 기술자체를 다루지는 않는다. 그는 산업화 과정에서 유동성과 다양성을 얻기 위해 생산에 있어서 비 표준화된 방법을 주장한다. 본 장에 나오는 "Subjectile/Objectile"의 6개의 조각된 면들은 그의 주장인 "일반적으로 디지털 기계 및 생산 기술은 연속체의 생산을 가능케 한다. 우리는 원형에서 변형까지 다룰 수 있게 된 것이다."을 명확히 보여 준다.[2] 이것은 건축가들이 디지털 contouring을 통해 입증하였으며, 놀라운 표면 효과를 만드는 것뿐만 아니라 물건을 만드는 방법으로도 변환하였다.

2001년 하버드 디자인 대학원의 건축학과에 임용된 설계사무소인 dA의 "Laszlo Files"은 변화하는 윤곽을 가지는 합판에 감각적 속성을 강조한 디지털 제작의 초기 건축 사례이다. 이 프로젝트에서 합판은 가늘고 긴 물결모양으로부터 수직 모서리의 결을 읽어내기 위해 끝부분에 놓여진다. 합판은 매끄럽게 총체적인 기하학적 형태로 통합되며 수공작업을 위한 작은 개구부를 제공하기 위해 후면을 잘라냈다. Contouring은 자연스럽고, 재료에 부차적인 질감을 나타나게 한다.

또한 다른 건축가들도 표면의 질감을 생성하기 위해 라우터를 이용한 실험을 해 왔다. 예를 들어, 건축가 그렉 린(Greg Lynn)의 작업은 CNC를 활용한 프로세스의 개발에 의한 것이며, 독특한 도구 경로를 적용하였다. 단일 재료의 사용으로 그 질감이 강조되는데, Prettygoodlife.com에 전시 되어 있는 작품의 시각적 가치는 재료 자체에 있는 것이 아니라 그것의 가공방법에 있다. 물결무늬 표면은 놓여지는 장비들을 적절히 수용할 뿐 아니라, 벽에 역동적이고 관능적 느낌을 부여해 준다.

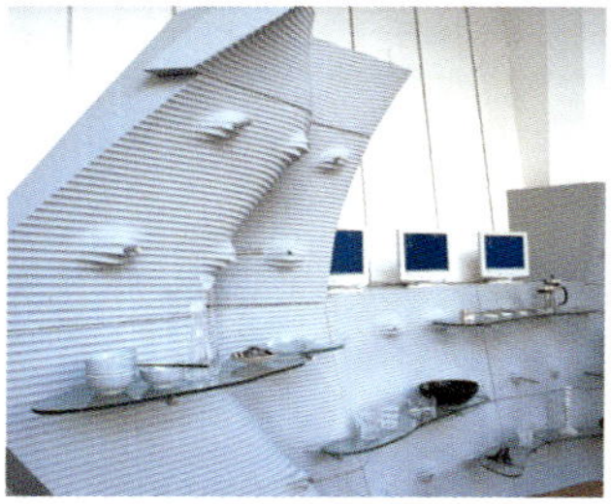

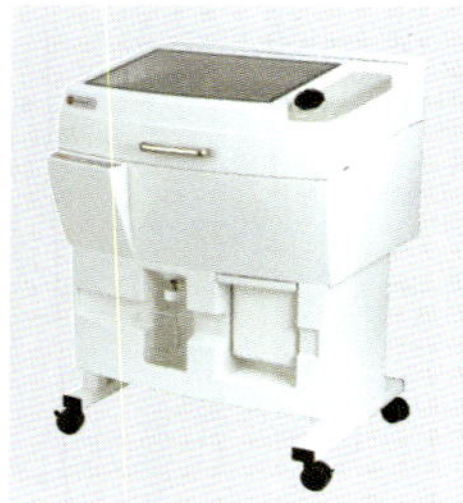

FROM LEFT:

Greg Lynn, Prettygoodlife.com Showroom, Stockholm, Sweden, 2000. Photo: Greg Lynn Form

Erwin Hauer, *Design I*, 1950. Photo: Courtesy Erwin Hauer

Rapid-prototyping machine, Z-Corp ZPrinter 310 Plus. Photo: Courtesy ZCorp

캐쉬의 작업처럼, 가구 크기의 작품들은 조경이나 건축의 형태로 커질 가능성도 있다. 사실 contouring은 종종 건축적 모델을 만드는 방법으로 쓰인다. 이는 NURBS(Non-Uniform Rational Basis Spline)의 형태와 건축이나 조경의 표피를 좀 더 매끈하고 유연하게 할 수 있기 때문이다. "tessellation"이나 "sectioning" 같은 제작 방법이 이러한 기하학적 구조를 형성하기 위해 대략적이고 암시적인 방법을 사용하는 반면, contouring은 가장 직접적이고 정밀한 방법을 제공한다.

그러나, 건물의 규모에서는 이 방법은 다른 제작 방법과 같이 원활하게 적용되지는 못해 왔다. 아직까지는 하나의 건물을 하나의 솔리드(solid)한 재료를 디지털적으로 조각하여 만들어 내는 것은 쉽지 않다. contouring을 이용한 특이한 형태들을 제작하는 것은 많은 시간이 필요하며 3차원적으로 깎아나가는 방식이기 때문에, 불가피하게 재료의 낭비가 발생하게 된다. 이러한 낭비들은 익히 알려져 있으며, 건축가들은 평면재료를 형성하기 위한 절삭 거푸집(milling molds)과 같은 contouring의 가능성을 최대화 할 수 있는 다른 방법을 찾고 있다. 이러한 기술을 forming이라고 하는데, 이 기술은 다음 장에서 자세히 설명한다.

크기와 실용성에 제한이 있을 때, 건축가는 작은 크기에서 contouring을 사용하기도 한다. 제레미 피카(Jeremy Ficca)의 CNC Panels 예를 보면, 재료와 표준적인 도구의 제어 사이의 상충이 재료와 시각적 표현에 있어 새로운 가능성을 확보하게 하는 것을 알 수 있다. 요구되는 절삭도구의 시작과 끝 경로들이 디자인 도구로 사용된다. 다공판은 연속적 평행절삭으로 만들어지고, 음각의 구멍으로 된 경사진 끝부분으로 연결되어 있다. 절삭으로 합판내부의 적층 부분을 보여줌으로써 표준 판재의 두께를 표출시킨다.

이런 기법의 확장으로, WILLIAMSON WILLIAMSON의 Door with Peephole와 루이 클라인(Ruy Klein)의 Tool-Hide에서 도구적 제약을 가지고 시작하였고 표면 질감과 형태를 생성하기 위해 역방향으로 작업하였다.

'Door with Peephole'에서 형태를 결정짓게 하는 중요 요소는 모든 사물의 윤곽에서 드러나는 작은 구멍(문-벽 등에 나 있어서 안을 들여다볼 수 있는)과 윤곽들이 모이는 중심 이음매이다. 디자이너들은 평행, 나선형, 또는 다른 정해진 경로를 활용하기보다 자신만이 효과적으로 쓸 수 있는 도구경로와 라우터 날(router bit)을 정의한다. Tool-Hide는 방사형과 물결모양의 조합된 절삭경로를 이용하여 동물의 피부와 유사한 얼룩덜룩한 질감을 만들어 냈다. 그 동안에, SPAN의 마티아스 델캄포(Matias del Campo)와 산드라 매닝거(Sandra Manninge)의 "Gradient Scale"에서는 전체 크기의 연결을 만들기 위해 유체적인 도구 경로를 사용했다. 이 작품은 건축의 축소모델을 놓기 위한 바닥판의 기능뿐 아니라 전시를 위한 작품 자체였다. 도구경로를 통해 크기와 방향을 조절 해줌으로써 비슷한 모양의 패턴이 미세하게 지각적으로 연결된 스케일로 변화한다.

이러한 작품들이 절삭(milling)과 표면과의 관계를 탐구하였다면, Urban A&O는 Bone Wall의 형태구현을 위해 3개축의 CNC를 사용하여 완전히 3차원적인 절삭가공을 했다. 프로젝트는 모듈을 매개 변수화하여 배열하는 디자인을 했다. 각 모듈의 변화는 전체적인 벽(wall)의 기하학적 위치를 바탕으로 정해진다. 이러한 형태는 세로방향의 곡선들의 집합에 의해 만들어지며 디자인과 개발에는 CATIA가 사용되었다. 이러한 경우, 디자인은 꼭지점과 내부연결곡선으로 정의된 정밀한 모듈주변을 회전시킴으로써 만들어진다. 각각의 곡선의 호는 끝점의 상대적 위치에 의해 형태가 결정된다. 모듈이 벽을 가로질러 위치에 놓이거나 지정되는 것에 따라, 세 개의 점에 의해 각각의 내부곡선의 크기와 두께, 각도가 조정되며, 궁극적으로 유사하게 나타난 요소들의 집합 안에서 각각의 모듈은 독특한 기하학적 형태가 만들어진다.

Bone Wall의 디지털 디자인 프로세스에서는 3차원 프린터로 축소모델을 출력하여 전반적인 형태를 가늠해 보고 모듈간의 관계와 전체형태와 모듈과의 관계를 시험해 보았다. 3차원 출력과 고속 프로토타입제작((stereolithography: 포토폴리머를 뿌려 연속적인 레이어로 굳혀 형태를 생성하는 고속 프로토 타입핑 기법) , 선택적 레이저 신터링(소결법), 녹인 후 굳혀서 만든 모델(fused deposition modeling), 그리고 PolyJet)은 최근 건축모델 제작에서 널리 쓰이는 방법이다. 이러한 시스템들은 3차원출력(stereolithography) 파일로부터 물리적 모델을 만들기 위해 비정형 기술을 이용하며, 솔리드(Solid)하거나 닫힌 면(closed-surface)으로 이루어진 디지털 모델을 물리적 모델로 변환하는 강력한 방법이다. 그러나, 실제 크기의 시공과는 달리, 이러한 시스템에서는 재료나 기계적 제약에 대한 고려는 되지 않는다. 이러한 문제에 관해서는 제작 단계에서 고려하게 된다.

Bone Wall 제작하기 위해서, 각각의 모듈은 CNC 절삭기의 수직적 절삭 한계에 따라 CATIA모델에서 얇은 단면으로 잘라진다. 일반적으로 Z축 거리라 불리는 수직적 절삭한계는 도구와 테이블 사이의 공간에 의해서 결정 된다. 절삭기의 Z 축 이동거리를 3m 이상으로 제작이 가능하지만, 대부분 판재를 가공하기 위한 목적으로 한정되어 있어 단지 몇 십 cm 정도의 이동한계를 가지고 있다. z축 높이의 한계를 극복할 수 있는 것이 3축 라우터인데, 이것은 위에서 아래방향으로의 절삭은 가능하지만 아래에서 위로의 절삭은 불가능하다는 단점이 있다. 그러므로 3차원 형태를 구현하기 위해서는 양쪽면 모두 절삭이 요구 된다. 이러한 기술적 한계들이 특별히 디자인의 발전이나 개선에 기여하지는 않았으며, 절삭의 방향과 절삭점의 위치를 조절하는 도구활용에 대한 결정이 요구된다.

캐시의 나무 표면이나 라즐로 파일스(Laszlo Files)의 나무표면과는 다르게, Bone Wall의 궁극적인 질감은 매끄럽지가 않다. 매끄러운 표면은 부수적 마감을 필요로 하고, 보통 추가로 여러 번의 기계적 가공을 거치고 난 후 손으로 사포질을 하는 과정을 거치게 된다. Bone Wall에서는 절삭 경로들은 의식적으로 표출되었다. 이것들은 일련의 수평적 통로로써 디자인되었고, 비교적 일반적인 절삭기법이었으나, 서로 분리된 모듈을 묶고 미묘하게 변화하는 조형적인 형태의 구현에 있어 매우 효과적인 방법이었다.

다음의 프로젝트들은 contouring을 이용한 디자인의 한계를 추가적으로 실험한 예이다. Urban A&O이 Bone Wall을 만든 것처럼, 어윈 하우어(Erwin Hauer)는 기계 및 재료의 한계 안에서 Design 306을 물리적으로 구현하기 위해 형태 디자인을 새롭게 정의하였다. 아이러니하게도, Bone Wall은 처음에 60년대 후반의 Hauer의 프리캐스트(precast)모듈 디자인으로 설계되었지만, 하우어가 엔리케 로사도(Enrique Rosado)와 함께 디자인한 Design 306은 모듈과 표면을 계획하기 위해 디지털 제작기법을 이용하였다. 이 작품은 장비의 기하학적 한계와 절삭경로의 설정을 디자인의 통합된 과정으로 고려한 것이다. 이 장에서 설명한 모든 프로젝트들은, 컴퓨터 기반 장비를 이용해 디지털파일을 물리적으로 구현하는 형태, 제작기계, 재료 사이의 전이 과정을 통해 디자인의 무한한 가능성을 보여 준다.

Photo: Joe MacDonald

Bone Wall
Urban A&O, 2006

호주 출신의 조각가 어윈 하우어(Erwin Hauer)의 작품에서 영감을 받은 이 실험의 목적은, 벽체 표면의 연속성과 벽 내부 빛의 조절이었으며, 빛의 저장과 수용을 포함하는 계획적인 요소를 제공하는데 있다. Bone Wall의 디자인은 하나의 "세포"를 기본으로 매개변수를 이용한 모델링기법을 이용하는데, 더 정확히는 세포의 절반단위를 이용하여 서로 뒤집거나 회전시켜 합침으로써 하나의 새로운 세포로 만들어 낸다. 기본 세포는 18개의 모서리를 가지고 있고 "조절점"이 있다. 곡선들의 기하학적 형태의 모든 변화들은 각각의 세포 모양을 변형시키며, 소프트웨어와 디자이너간의 비선형적이고 상호적인 관계를 설명하는데 이는 매개변수기반 모델링의 본질이다. 모두 72개의 세포(조각)들 (또는 2,592개의 조절점) 모두 매개변수적(Parametric)으로 연결되어 벽을 만들기 위해 결합되었다.

세포들은 5축 CNC 조각기계를 이용하여 고밀도 덩어리로 제작되었다. 자세히 살펴보면, 벽의 표면에 CNC 조각기의 작업 경로를 찾아볼 수 있으며, 만져보면 부드럽지 않다. 조각기는 1/32인치 간격으로 설정되었고, 평면적으로 마감으로 처리되었다. 조각들은 접착제로 서로 연결되어 있고, 최종 벽은 조립된 후, 페인트칠로 마무리 되었다. 파라메트릭(parametric:매개변수) 모델링을 사용한 Bone wall은 현대 건축 기술의 발전에 기여한 실험이며, 파라메트릭 모델링 환경은 디자인 과정 안에서 새로운 인식적 분위기를 만든다. Bone Wall은 외부적인 상황을 극복한 장식적 요소의 본질적인 필요성을 보여준다.

1

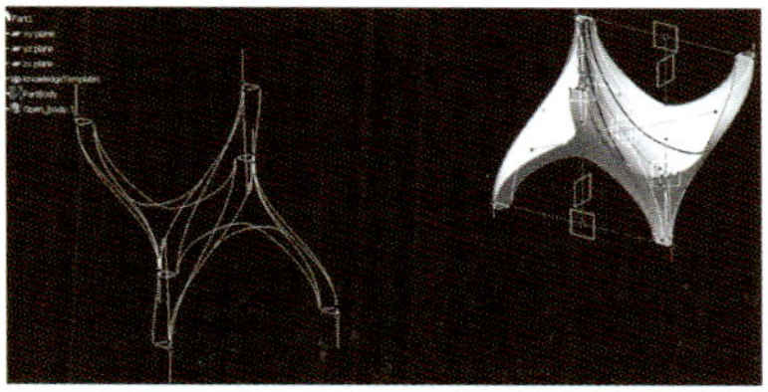

2

3

1 CATIA model of "powercopy."

2 CATIA screen grab describing instantiation of powercopy.

3 Scaled 3D print of portion of wall.

4 CATIA production model for routing modules in sections to fit Z axis of machine.

5 CNC routing of MDF modules.

6 Routed modules ready to be cut out from MDF block.

7 Assembly process.

8 Modules.

9 Wall assembly.

Photos: Joe MacDonald

4

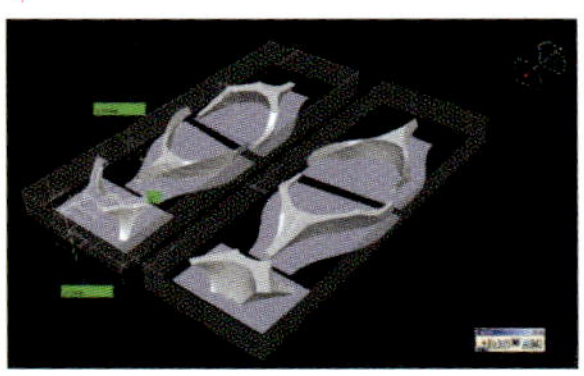

5

6

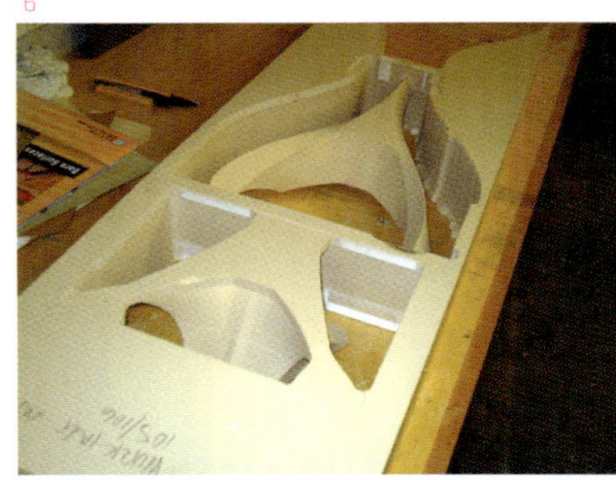

7

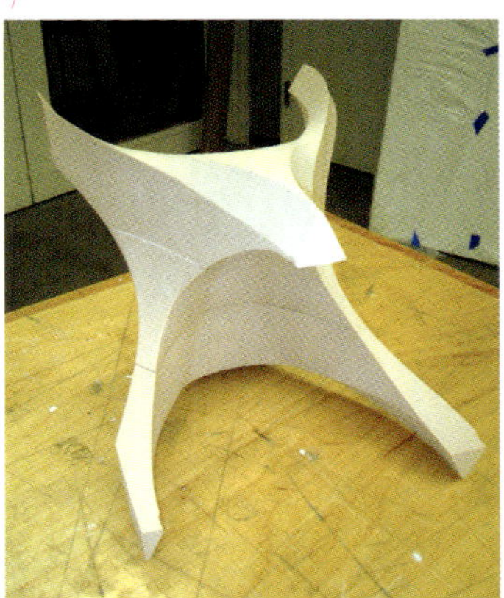

8

9

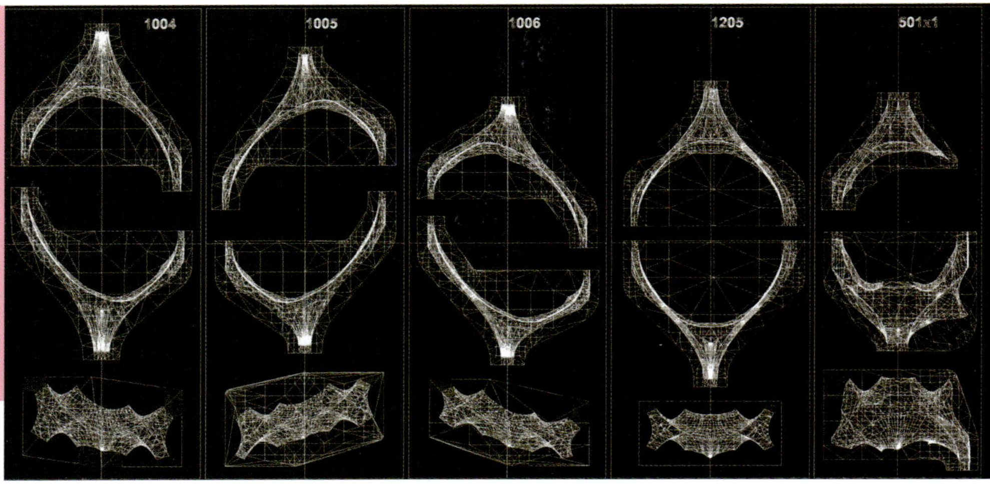

ABOVE: Drawing of sections for CNC routing of a single module.
BELOW: Details of foam cells.
Photos: Joe MacDonald

Views of completed project at Storefront for Art and Architecture. Photos: Stefan Hagen

All photos: Courtesy Erwin Hauer

Design 306
Erwin Hauer and Enrique Rosado, 2005

2005년에 만들어진 Design 306은 원래 1956년에 만들어졌던 Design 6의 변형된 디자인이다. 이것은 어윈 하우어(Erwin Haue)와 엔리케 로사도(Enrique Rosado)가 함께 만들었고, 뉴욕 록펠러 센터의 새로운 고층 주거건물인 Centria를 위해 디자인 되었다. 이전 작품들과는 다르게, Design 306은 3축 CNC공작기계의 절삭경로를 개발하고, 다양한 재료로 제작이 가능하도록 설계되었다. Centria에서 첫 번째 작업은 인디애나산 석회석으로 제작되었고, 다른 종류 석재들과 MDF도 함께 사용되었다. 패널들의 사이즈는 건축적 요구와 제약조건들에 따라 다양하다. 패널의 사이즈는 1.2m에서 3m 정도의 크기였는데 반해, 패턴 안에 들어간 모듈의 크기는 높이 35cm에 폭 28cm 이다. 이 비율은 고정적이지만, 배율 조절은 가능하게 하였다.

디자인에 있어 투명성은 피해야 하는 반면 빛의 조절능력은 건축적 조건하에서 중요한 사항이었다. 빛의 유입을 위한 구멍은 후퇴되고 오목한 공간을 만들기 위해 작아졌다.

 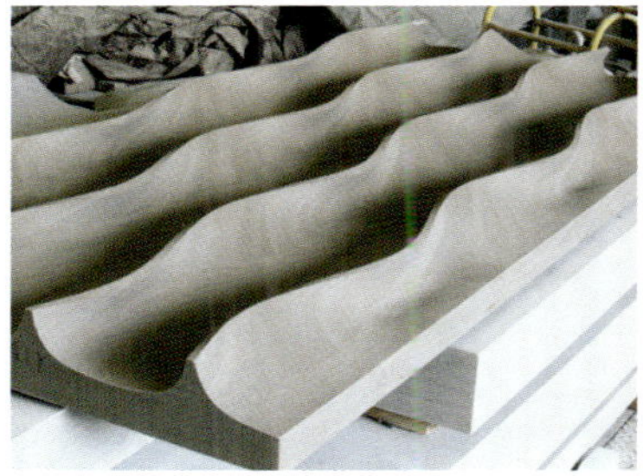 

ABOVE: Freshly milled panel, single panel, installation on-site.
BELOW: Routed surface texture.

LEFT: Detail of CNC panel with graded entry and exit tool paths.
RIGHT: Installed CNC panel.
Photos: Jeremy Ficca

CNC Panels
Jeremy Ficca, 2004

합판은 건축과 가구산업 모두에서 사용되는 저렴하고 널리 쓰이는 건축자재이다. 기성품으로 쉽게 구할 수 있는 합판은 2.5축의 CNC기계와 같이 2D 벡터 CAD도면이 절삭경로를 결정하는 디지털 제작기술을 실험하는 기반을 마련하였다. 합판을 이용한 실험을 통하여 설치공간의 계획 변동이나 환경적 요구사항에 따라 재료의 변형복제 또는 가변성에 바탕을 둔 표면을 제작할 수 있게 되었다.

일반적인 전제는 특정한 도구의 실험을 통해 제작품의 진화가 이루어지는 반면, 대부분의 제작의 한계는 재료의 물성에 의해 결정된다. 일곱 개의 판이 압축된 자작나무는 강도와 완성도를 위해 선택되었다. 초기의 절삭은 단단한 판을 효과적으로 유연하게 만들기 위해, 밀고 당겨서 휘어지게 만들어 자국을 만들고 절단을 하는 등 주로 평면적인 작업이 이루어졌다. 깊이나 간격의 미묘한 차이가 휨의 정도와 형태유지에 큰 영향을 주었다. 너무 깊게 파낸 곳은 불안정한 판을 만들어, 쉽게 부러지게 하는 결과를 낳았다. 얇게 절삭한 부분은 강성이 생겨 변화를 막을 수 있었다. 이러한 실험이 진행되면서, CNC밀링기계는 합판의 양쪽 면으로 움직이며, 처리 되는 부분과 의도적으로 처리되지 않는 두 면 사이에 격자무늬를 형성한다. 이 정도 규모의 공간에서는 연속된 패널이 시야와 빛의 조절을 할 수 있다.

Door with Peephole
WILLIAMSONWILLIAMSON, 2004

이 문은 사선의 합판 축조기술과 CNC절삭 기계의 깎는 과정을 통해서 3차원 패턴이 구현되는 모습을 보여준다. 작은 구멍은 문의 공간을 가로지르는 활성화 장치로 쓰이며, 사용면과 비사용면을 맞추는 역할을 한다. 안쪽을 살펴보면, 작은 구멍은 눈에 보이는 쪽으로 당겨져 있는 반면에, 기하학적 능선은 밖으로 당겨져 있다. 이러한 방법은 관람자에게 작은 구멍에 접근 할 수 있게 하고 이용 방향을 기하학적으로 알려주는 효과를 제공한다. 문의 모습은 경사진 목재의 적층구조와 이에 따른 기하학적 축과 곡선의 결을 따라 시야의 방향을 알려주는 깎인 패턴과의 관계를 보여준다.

Routing pattern.
Photos: John Howarth

Exhibition setup, models nested in surface.
Photos: SPAN

Gradient Scale
SPAN, 2005

Gradient Scale은 그룹 전시회 "AustriArchitecture"를 위해 고안되고 제작되었다. 이 프로젝트는 CNC를 활용한 제작방식으로 비순차적인 스칼라(비방향성) 성장, 표면의 흐름, 연속적 비정형 표면의 형성에 관해서 탐구한다. 디자인의 쟁점은 건축에 있어서 스케일에 대한 개념과 '디지털스케이프(digitalscape)'의 개념을 구축하는 것에 있었다.

연속적으로 성장하는 스칼라 모델을 구현하기 위해, 건축가들은 정해진 전시물의 길이를 따라 다섯 개의 곡선으로 이루어져 반복하는 패턴을 생성하는 MEL(MAYA Embeded Language) 스크립을 개발했다. 이 커브들은 Maya의 'bi-rail' 표면을 만드는 명령을 통해 연결되었다. 표면에 영향을 주는 여러 번에 걸친 힘을 통해, 다양한 흐름을 가지는 요소들이 만들어 진다. 물결모양의 표면은 1:1 대응의 연속으로 읽혀진다.

곡선 성장의 빈도가 커지면 곡선의 진폭이 증가하면서 도시규모의 패턴으로 인식하게 된다. 디지털 제작기법과 관련된 이슈들은 3축 밀링기계 활용을 전제로 다루어졌고, 밀링(miling) 소프트웨어인 SPAN을 사용하여 다양한 표면패턴을 실험해 볼 수 있는 도구의 경로를 계산할 수 있었다. 이러한 패턴들은 컴퓨터로 구현된 모델로부터 파생된 아이소팜(isoparms)으로 만들어 진다. 마지막 절삭된 결과물은 넙스(Nurbs)기반의 연속곡선인 아이소팜을 의식적으로 다루어져 나온 결과이며, 다른 종류의 절삭날을 선택하고 절삭경로의 다양화를 통해 결과물이 나오게 되었다. 물결치고 울퉁불퉁한 표면은 패널의 구조에 강화뼈대의 역할을 제공하였다. 패널공법의 문제는 Gradient Scale의 제작에서도 나타난다. 6m의 길이와 1.5m의 폭을 가진 이 물체는 세 부분으로 제작되었다. 직선적이고 직사각형 모양의 판재들 대신에, 모델의 아이소팜을 따라 잘라서 퍼즐 같은 연결 부위를 만든다. 연결부위는 넙스의 형태를 따르기 때문에, 그들의 형태는 전체 프로젝트의 언어와 일맥상통한다.

All photos: Ruy Klein

Tool-Hide
Ruy Klein, 2006

이 프로젝트는 동물의 표피를 개념으로, 장식적 표면을 구현하기 위해 CNC밀링기계의 기술적 제한을 효과적으로 활용하였다. 4개의 대형 옷장 문이 제작되고 엇갈리고 중첩된 패턴이 첨가되었다. 디지털 제작기술은 가리비조개의 패턴을 구현하기 위해 라우터의 경로체계에 따라 다른 크기의 라우터날(비트)이 매우 정밀하게 적용되었다. 이러한 패턴은 디지털적으로 형성된 기하학적 표면이 아닌 자연적 원형과 같다. 매끄럽게 처리되지 않은 촉각적 표면은 코끼리나 이구아나 피부와 유사한 질감을 가지고 있다.

Concept related to iguana skin.

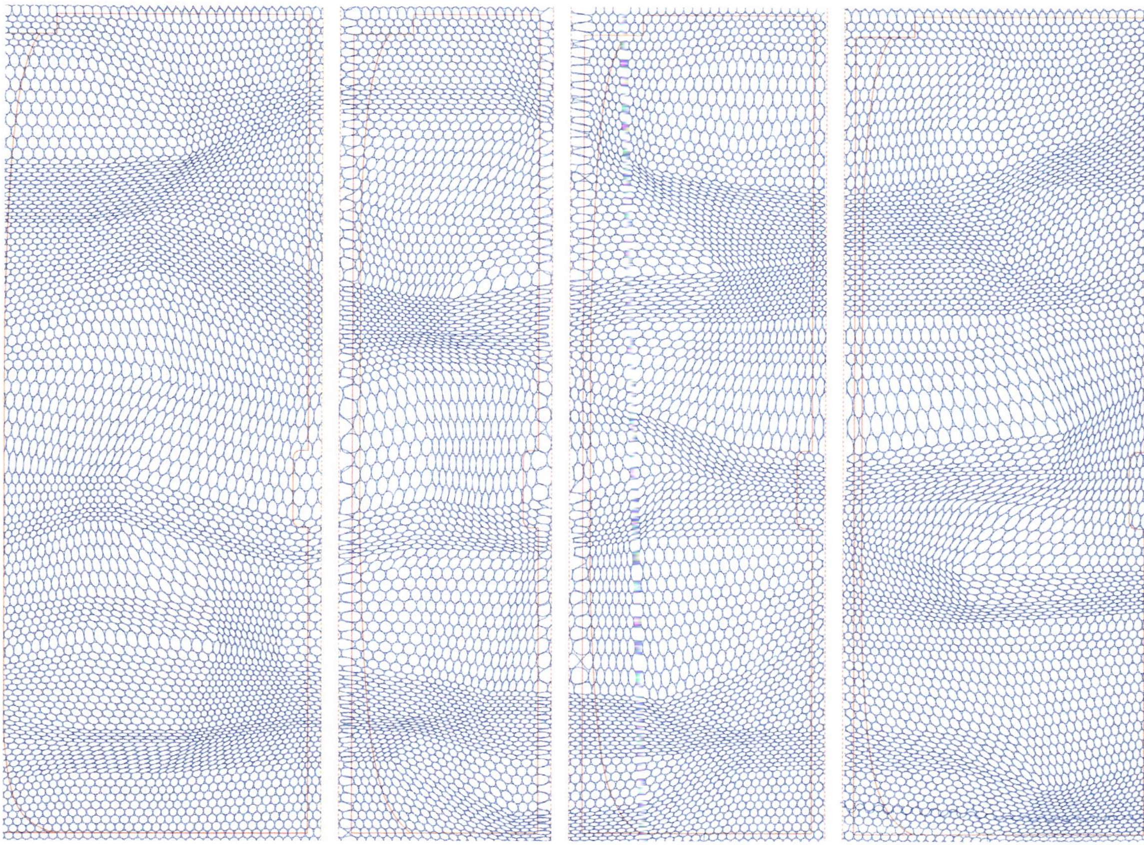

ABOVE: Tool paths.
BELOW: Surface sample tests.

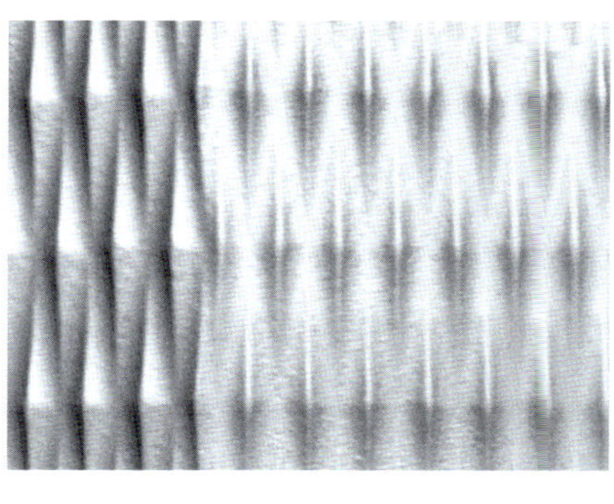

UCLA/Heather Roberge, *Shiatsu*, 2007.
Photo: Michael Ben-Meir, Kyle Miller, Marcin Szef, Lindsay May

Forming

Forming(성형제작방식)에 의해 만들어진 물건들은 언제나 우리 주위에 있다. 포장, 플라스틱 장난감, 휴대폰, 자동차 차체들….등등 셀 수 없을 만큼 많다. Forming 기법은 내재적으로 경제적인 의미를 띄고 있는데—적은 수의 틀 혹은 주형으로부터 다수를 생산하는—따라서 성형은 대량 생산 제품에 사용되는 기법이며, 건축물에서는 각종 하드웨어, 파사드의 패널과 창틀등과 같은 건축적 구성 요소의 영역에 속한다. 물론, 건설 공사는 재생산성이 낮긴 하지만, 프리캐스트 패널, 구조적 요소, 그리고 건축적 장식, 벽, 또는 심지어 빌딩전체와 같이 큰 스케일에서 forming기법을 활용한다. 곰곰이 생각해보면, forming기법은 건축 산업에서 어디에나 존재한다.

대부분의 forming 기법은 제품생산에서 일반적으로 사용되어온 기법이지만, 건축디자인 분야에서는 그다지 주목 받지 못했다. 그러나 몇 개의 건축작품을 통해 그 영향을 뚜렷이 볼 수 있으며, 역사를 통해 발전해 왔다. 이러한 예로는, 프리캐스트 벽 패널, 1960년대에 인기 있던 bas-reliefs, 얇은 쉘구조, 그리고 특별히 성형된 캐스트 콘크리트(formed cast-concrete)건물들이 있다. 캐스트 콘크리트 건물들에 관해 논하는 것은 이 책의 범위를 벗어나지만, 공장 생산된 건축부재들의 예는 forming 기법의 맥락을 이해할 수 있게 해 준다.

대량 생산(Mass production)은 50년대의 forming 기법을 이용하여 표면을 만드는 발상에 영향을 주었다. 이러한 발상은 한스 샤룬(Hans Scharoun)과 해리슨과 아브라모비츠(Harrison & Abramovitz)와 같은 1950년대와 1960년대의 선구적 건축가들의 건물 디자인에서 발견된다. 공장생산이란 이점을 통해, 이 건축가들은 Berliner Philharmonie와 Alcoa Buildingr과 같이, 건물 벽면 전체에 적용될 수 있는 매우 섬세한 디테일을 가지고 있는 주형으로 단조된 금속외피(stamped-metal cladding) 유닛들을 만들어 냈다.

또한, 프리캐스트 패널은 콘크리트의 광범위한 사용과 더불어 더욱 많이 쓰이게 되었다. "프리캐스트(precast)" 된다는 것은 다수의 건축재료를 만드는 데 필요한 거푸집의 수를 줄임으로써 즉각적인 효율성을 제공했다. 프리캐스트 패널의 도입은 상대적으로 진부한 빌딩들을 만들어 냈다. 그러나 주목할만한 예외들도 생겨났다. 하나는 1964년에 지어진 로스앤젤레스에 위치한 DMJM의 아메리칸 시멘트 회사 본사 건물이다. 파사드를 이루는 두 부분은 햇빛을 걸러내고 주차장과 사무실의 공간을 구분하며, 거리의 외관을 형성하는 매우 조형적인 형태로 이루어져 있다. 이 패널은 10여 년 전의 어윈 하우어(Erwin Hauer)의 프리캐스트 스크린에서 영향을 받았다.[1] 매우 흥미롭게도, 하우어는 그의 파트너 엔리케 로사도(Enrique Rosado)와 함께 이러한 디자인을 디지털적 contouring (윤곽 만들기) 기법으로 재현하기 시작하였다. 예나 지금이나, 하우어의 실험과 그와 유사한 실험들은 프리캐스트 콘크리트의 가능성에 관한 흥미로운 논쟁을 제시한다. 콘크리트의 얇은 두께와 칸막이의 섬세함은 그 물질이 가지고 있는 무거움과 딱딱함을 감춘다. 그리고 삼차원적이고, 매우 복잡하게 꼬인 형태의 표면은 일반적인 방법으로는 거의 구현하기가 불가능하다.

그러나 이 경우와 같이, 대량 생산방법에 의한 유닛을 사용한 경우, 필연적으로 동일하고 반복적인 패턴을 가지게 된다. 비록 forming 과정 자체가 디지털적인 것은 아니나, 디지털 제작기법이 비표준적인 다양한 디자인의 forming을 실현할 수 있는 새로운 가능성을 열었다. 그것은 상대적으로 적은 비용으로 비표준적인 주형(mold)를 만들 수 있기 때문이다. 주형으로 단조된 금속박판과 같은 재료의 활용에서 주형을 제작하는 것은 매우 중요하다. 그러나 단일 건축물을 위한 제한적 사용을 위해 특별한 주형을 만드는 것은 불합리적일 수 있다. 그럼에도 불구하고, 다양한 성형기법을 통해 한번의 사용을 위해 특별한 주형을 제작하거나 여러 재료들을 이용한 일정 범주의 요소들을 만드는 것이 가능하다.

캐드/캠 건축(CAD/CAM architecture) 분야의 선구자 빌 매시(William Massie)는 일찍이 CNC 공작기를 이용한 주형 만들

CLOCKWISE FROM TOP LEFT:

Hans Scharoun, Berliner Philharmonie, Berlin, Germany, 1957–63. Exterior cladding panels. Photo: James Schrader

DMJM, American Cement Company Headquarters Building, Los Angeles, 1964. Photo: Craig Scott

American Cement Company Headquarters Building. Detail. Photo: Craig Scott

Erwin Hauer, *Design I*, 1950. Photo: Courtesy Erwin Hauer

William Massie, Big Belt House, White Sulfur Spring, Montana, 2001. Styrofoam mold with puzzle joint and rebar. Photo: William Massie

Big Belt House. Facade. Photo: William Massie

기 실험을 한 바 있다. 매시는 콜롬비아 대학교 건축기술 연구소의 코디네이터로서, 성형기법의 디지털적 잠재력을 탐구하고 물리적으로 구현하는 것에 몰두했다. 이후에, 매시는 몬타나 대학교에서 가르치는 동안, CNC 조각기를 사용한 건축의 구축적 가능성에 관한 연구에 집중하였다.

매시의 1997년 첫 시도인, "Virtual Model to Actual Construct" 이라는 연구프로젝트의 결과물인 콘크리트 벽은 컴퓨터를 이용한 프로세스로 이루어진 실제크기의 선구적인 건축요소들 중 하나였다.[2] 벽의 표면들은 처음부터 컴퓨터를 이용하여 휘어있는 평면으로 모델링 되었다. 그 다음으로, 모델은 뼈대 구조에 대응되는 일련의 윤곽선을 따라 교차 배치된다. 벽의 모양대로 만들어지고 콘크리트가 굳은 후 제거되는 일반적인 거푸집과는 달리, 이 뼈대들은 교차되어 있으며 일부분은 완성된 후 구조로서 벽체 안에 남아있게 된다. 얇은 합판으로 만들어진 뼈대들에는 긴 아크릴 띠를 접합하기 위해 모서리 부분에 일련의 구멍이 뚫렸다. 아크릴 조각들은 평평하지만, 곡면 형태의 벽을 구현하기에 충분히 얇고 유연하다. 각 뼈대의 중심에 연속적으로 뚫린 큰 구멍들은 부어진 콘크리트가 다른 부위로 흘러갈 수 있게 하고 다른 부위간에 구조적으로 서로 결합시키는 역할을 한다. 거푸집의 뼈대(formwork ribs)는 콘크리트가 굳은 후 쉽게 떼어낼 수 있고, 마지막 단계로 아크릴 시트를 벗겨내는 작업을 하였다. 이 프로젝트에서 매우 인상적인 부분은, 뼈대의 윤곽을 디지털 모델로부터 컴퓨터로 통제되는 CNC공작기계로 바로 보내져 만들어졌다는 것이며, 이는 혁신적인 거푸집 성형 기법이 활용됐다는 것이다. 이 작품에 쓰인 디지털 기법은 매시로 하여금 일반적인 시공기법을 재탐구하고 그 자체의 미적 잠재력을 가지는 새로운 디자인을 할 수 있게 했다.

1999년 몬타나의 Big Belt 산맥의 구릉지에 위치한, 매시 자신의 주택으로 설계되고 지어진 Big Belt House는 콘크리트 벽의 구현을 위한 기술의 다양성을 보여주었다. 이 사례에서 집의 휘어진 뼈대들은 CNC 공작기에 의해 제작된 거푸집으로 주조 되어, 대지 위에서 퍼즐과 같이 맞춰지고 PVC관으로 연결되었다. 형태가 완성되면, 관들은 콘크리트로 채워지고 삽으로 매끄럽게 마무리 되였다. 이 시공 프로세스가 기존과 다

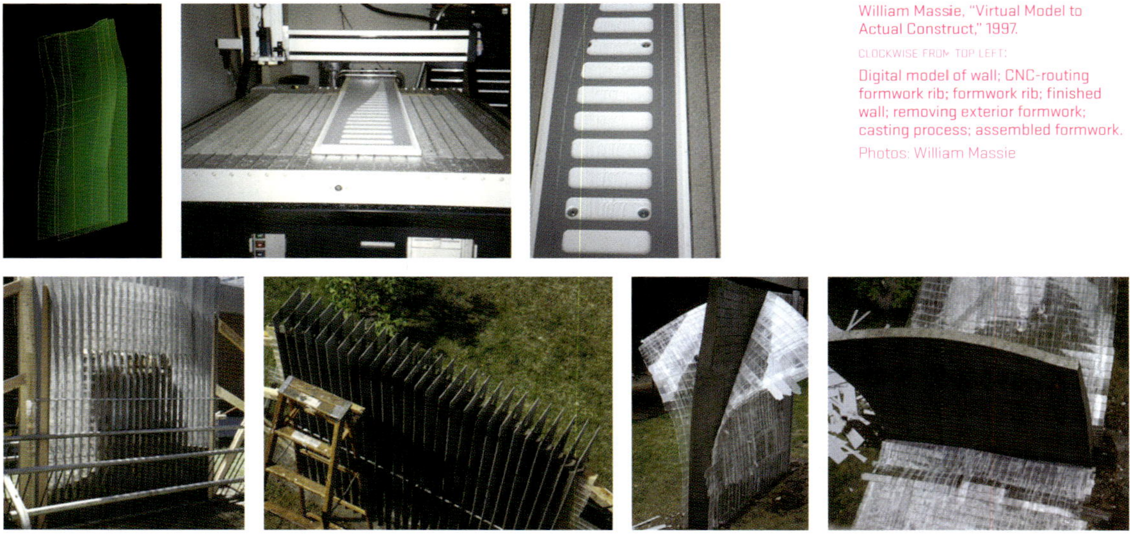

William Massie, "Virtual Model to Actual Construct," 1997.

CLOCKWISE FROM TOP LEFT:

Digital model of wall; CNC-routing formwork rib; formwork rib; finished wall; removing exterior formwork; casting process; assembled formwork.

Photos: William Massie

를 뿐만 아니라, 디지털로 매우 정확히 모델링된 대지에 디자인과 거푸집의 3차원적 데이터가 생성되면서 전통적인 방식의 시공도면이 필요없게 되었으며 대지에 관련된 오류를 줄이는 결과를 가져왔다. 이 작품의 가장 중요한 점은, 비정형의 유연한 형태의 건축물을 통합된 디지털 프로세스를 통해 구현하는 방법을 제시했다는 것이다.

더욱 큰 스케일의 프로젝트를 살펴보면, 2000년도에 Gehry Partners는 프리캐스트 콘크리트 벽을 위한 시공기법으로 CNC 가공 거푸집을 사용하였다.[3] 독일 뒤셀도르프에 위치한 Zollhof 타워의 시공을 위해서, 스티로폼 블록들은 355개의 서로 다른 형태의 콘크리트 거푸집을 만들기 위해 디지털 방식으로 조각되었다. 각각의 거푸집은 특정위치의 창 개구부 모양에 따라 제작되었으며 내력벽 패널을 만들기 위해 철근과 콘크리트가 채워졌다. 최종적으로 보여지는 물결치는 건물 형태는 이러한 프로세스의 직접적인 결과물이다. 매시와 게리의 프로젝트는 콘크리트 주조를 위한 혁신적인 거푸집기술을 건축의 크기에서 디지털 성형기법을 활용하여 실현한 사례들이다. 각각의 프로젝트에서 매시와 게리 둘 다 규모 있는 건물에 콘크리트 틀을 사용한 혁신적인 방법의 디지털 성형을 연구했다. 매시와 게리의 성형기법의 적용 이후로, 산업디자인이나 제품디자인 분야에서 쓰였던 다양한 방식의 성형기술이 젊은 세대의 건축가들에 의해 활용되고 있다.

산업디자인 분야는 디지털 도구의 이용에 긴 역사를 가지고 있으며 대량생산을 위해 주형의 이점을 잘 활용해 왔다. "주형" 이나 "거푸집" 으로 알려진 성형기법은, 디지털 조각기나 고속 프로토타입 기계에 의해 제작되고, 부재를 반복적으로 주조하는 데 쓰인다. 이러한 성형 공정은 둘 다 음각(암틀)과 양각(숫틀)인 주형의 사용을 포함한다. 암틀을 이용한 과정은 주조 (casting), 진공(vacuum), 열성형(thermoforming), 주입(injection), 그리고 주형의 회전과정(rotor molding)을 포함한다. 진공과 열성형은 숫틀을 이용한 방법에 널리 이용되며, 금속을 찍어내거나 이와 유사한 과정에서는 숫틀과 암틀이 함께 사용된다. 수많은 최종 부재들이 하나의 주형을 통해 만들어 지기 때문에, 많은 시간과 비용, 그리고 디자인 혁신이 주형의 제작에 투자되는 것은 그리 놀라운 일이 아니다.

KOL/MAC, Ost/Kuttner Apartment, New York, 1996. Formwork. Photo: KOL/MAC

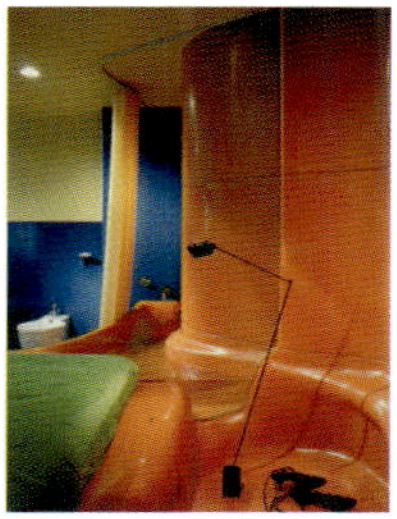

거푸집(주형)은 궁극적으로 끝냄을 위한 방법이며, 성형기법은 최종 결과물과 유사할 수도 있으며 그렇지 못 할 수도 있다. KOL/MAC는 Ost/Kuttner 아파트에서, 절단된 합판의 거푸집을 이용하여 부드럽고 유체적인 표면을 만들어 냈다. 1997년에 완성된 이 프로젝트는 디지털 모델의 부드러운 면을 실제 건물에 효과적으로 구현한 첫 사례 중 하나이다. 이 작품을 위해 건축가는 배나 서핑보드(surfboard)의 제작방식을 인용하였다. 두 가지 모두 주조된 형태에 합성수지(resin)으로 코팅된 유리섬유(fiberglass)를 씌운 것이다. 이 아파트의 시공에서, 거푸집은 단면화된 구조 뼈대로 만들고 우레탄으로 주조된 조각을 삽입하여 만들었다. 방수와 매끈한 표면처리를 위해 보트표면에 젤코팅(gel coat)을 하듯이, 유리섬유가 시공된 후 매끄럽게 연마하고 에폭시 수지(epoxy resin)를 입힌다.

이 작품에서 KOL/MAC이 추구하는 형태는 부분적으로는 다르나 결합하여 하나의 구조가 되는 것처럼, 건축가들은 경제적인 희생 없이 다양한 변화를 추구할 수 있는 주형제작기법을 활용하고 있다. 이러한 노력은 대부분은 주형의 반복적 사용을 암시할 뿐 아니라, 부분과 주형과의 다양한 관계 또는 시공시스템으로서 성형기법이 생산할 수 있는 것이 무엇인지에 대한 실험을 암시한다. 이 장에서 소개된 프로젝트들은 디자인 의도와 함께 시공효율성을 함께 고려한 것들이다.

MOS에 의한 Prototype Pavilion 작품에서, 매우 정교한 거푸집은 손으로 시공된 하부 유리섬유와 상부강철판으로 덮인 최종결과물의 구조와 시공 부재를 남긴다. 이것은 물결치는 표면을 가진 샌드위치 패널을 구성하게 되는데, 패널 표면의 굴곡은 구조적 성능을 강화하여 패널이 처지거나 휘지 않고 충분한 스팬(span)을 가지도록 한다. UniBodies는 PATTERNS의 마르셀로 스피나(Marcelo Spina)와 제작전문 스튜디오인 Kreysler & Associates가 공동작업한 하나의 프로토타입 시리즈로, 구조적 표피를 만들기 위해 CNC로 우레탄주형에 손으로 유리섬유(fiberglass)를 입혀 제작하였다. 그러나 파빌리온의 프로토타입과는 달리, 거푸집으로 제작된 형태만으로 모노코크(monocoque) 구조가 제작되었다. 박판형의 재료(sheet material)는 접히거나 구부려지거나 형태화되어 내재된 구조적 능력을 제공한다. 유리섬유 강화 폴리머 복합재료(Fiber Reinforced Polymer)는 얇으면서 강도가 높아 분격구조(subdivided structure)와 단립구조(singular structure)에 모두 널리 쓰인다.

앞에 소개된 이 두 프로젝트는 형태와 재료의 구조적 성능에 대해 초점을 맞췄지만, 다음 소개할 프로젝트들은 성형기법에 있어 감각적인 속성을 보여주고 있다. GNUFORM, servo, 그리고 SPAN에 의해 구현된 진공성형(Vacuum-formed)작품은 유기체적이고 동식물에서 유추한 형태(zoomorphic)를 제작하기 위해 반복적이거나 독특한 주형을 균형 있게 사용하였다. GNUFORM의 작품 NGTV의 경우, 동물의 털에서 그 특징을 가져왔다. 이 작품의 디자인은 9개의 빛나고 반투명한 패널들로 이루어져 있다. 반전된 조개껍질의 패턴과 같은 형태는 구조적 강도를 제공하고, 두께와 그림자를 만들며, 살아있는 생명체로 인식되게 한다.

NGTV가 동일한 모양의 패널들을 제작하기 위해 같은 거푸집을 사용하여 효율성을 높인 반면, servo는 몇 개의 제한된 모양의 거푸집을 개발하여 다양한 종류의 부재를 만들어냈다. 그들에 의해 디자인된 "Dark Places"라는 작품은 76명의 예술가들을 위해 산타모

FROM LEFT:

Sidewalk in Cairo featuring pentagonal Cairo tessellation. Photo: Craig Scott

Florencia Pita, *Alice*, 2007. SURFCAM tool paths, four-by-eight-foot bounding box for wall piece. Photo: Florencia Pita

Alice. SURFCAM screen shot of wall piece. Photo: Florencia Pita

니카 아트 박물관에 전시된 작품으로 구부러진 줄기들이 전시공간에 매달려 전시가 되었다. 줄기들의 모양을 정밀하게 바꿀 수 있게 하기 위해서 8개에서 11개의 줄기들이 서로 결속되어 있다. 5개의 서로 다른 모양의 부재들의 간단한 회전과 배치를 이용하여 유기적이고 뱀의 움직임과 같은 전체 형태를 이끌어 냈다.

SPAN의 작품 "Housing in Vienna"는 모듈화(modularization)의 개념을 진일보 시켰다. 다중 디스플레이는 삼중의 진공 레이어(vacuum-formed layer)로 이루어진 하나의 유닛으로 만들어 졌다. 이 프로젝트는 오각형의 카이로 모자이크(Cairo tessellation)패턴을 사용하여, 전체적으로 복합적인 구성을 하였다. 셀(cell)의 수직 레이어는 CNC로 가공된 주형을 이용하여 제작되었고, 결과물은 플라스틱 컨테이너와 같은 쉘(shell)로 만들어 진다. 부재는 딱딱하고, 얇고, 가볍고, 쉽게 운반할 수 있는 것으로 되어 있다. 즉, 이 프로젝트는 건축과 산업디자인 사이의 경계를 모호하게 한다. 제작에 알맞은 크기로 계획되어, CNC 공작기와 진공 거푸집을 이용한 증식을 통해 건축적 규모로 발전시킨다. 동시에, 각각의 유닛은 복잡한 표면디테일과 함께 부위별 프로그램과 구조적 성능을 제공할 수 있는 경제적인 형태로 검토되었다.

또한, Heather Roberge와 UCLA학생들의 작업도 반복적이며 제한된 종류의 모듈로 디자인 되었다. 광택을 가진 한가지의 6각형 타일은 6개의 회전배치로 다양한 패턴을 연출한다. 타일의 6개 모서리는 다른 평면과 단면에 모두 일치하도록 디자인 되었다. 그러므로 내부의 능선, 융기, 골짜기 형태는 다양한 패턴으로 구불구불한 뱀과 같은 연속적인 선을 형성한다. 대조적으로 Shiatsu는 다양한 관련 부재를 제작하기 위하여 3개의 지그(jig)를 사용한다. 이 프로젝트는 알루미늄 판을 섭씨 450-500 도로 가열한 후, 공기압으로 형태를 제작하는 superforming이라는 자동차 외형 제작에 쓰이는 방법을 사용하였다. Shiatsu에서는 알루미늄 판을 지그 표면형태, 뼈대 보강, 공기압의 위치제어에 의해 형태화 시킨다. 이 프로젝트는 superforming기술의 적용범위를 확장하고 재료의 효율적인 가공프로세스를 통해 감각적인 표면을 생성한다.

프로렌시아 피타(Florencia Pita)의 설치작품 "Alice"는 한정된 부재의 종류로부터 다양성을 이끌어내는 방법으로서 반복적인 단위부재의 관계를 통해 하나의 독립체를 구성하는 방법을 보여준다. 프로젝트는 두 개의 상호 반대되는 식물형태를 제작하기 위해 수컷과 암컷 주형을 제작하고 주조와 진공성형기법을 사용하였다. 제작 과정은 꽃과 유사한 형태의 디지털 모델에서 조각경로를 얻어내는 것에서부터 시작되었다. Maya에서 생성된 디지털 모델은 재료가 조각되어야 할 방법과 순서를 정의하기 위해 가공기계 제어를 위한 소프트웨어(이 경우에는, SURFCAM)로 불러온다. 이 단계에서는 재료의 표면상태(거친지, 보통인지 매끄러운지)에 따라 라우터 비트의 크기와 라우터의 최적의 경로를 정의한다. 어떤 경우에는, 조각패턴 (평행,나선형, 포케팅 등등)은 재료에 의도적으로 표출되고 디자인의 한 요소가 된다. 'Alice' 에서는 거푸집 제작이 형태의 본 주형을 제작하기 위한 부차적인 프로세스였기 때문에, CNC 가공에 의한 패턴은 상대적으로 지나친 마무리 가공 없이 이루어졌다. 이 과정에서는 contouring 기법이 쓰였으나, 최종결과물이 직접 제작된 것이 아니라 주형의 제작을 위해 이용되었다. 거푸집은 두 가지 방식으로 사용되었다.

외부 '꽃' 문양을 위해 CNC로 패턴이 조각된 MDF판 위에 PVC 비닐이 진공으로 입혀졌다. MDF는 이러한 작업에 이상적인 견고함과 다공성을 가진 재료이다. 또한 MDF는 연마작업 동안 매우 정교한 디테일을 유지할 수 있는 충분한 밀도를 가지고 있음과 동시에, 진공 주형작업을 위해 공기가 통과하게 한다. PVC는 일련의 꽃의 입체적 패턴을 주조하기 위한 암컷주형으로 사용 되었다. PVC는 양생이 끝난 후에는 정교한 디테일을 구현하고 보전함과 동시에 유연성을 가지고 있어서 형태를 주조하기에 좋은 재료이다. 진공 성형한 오렌지색 비닐 조각들은 완전한 3차원 형태로 조립되어 최종패널로 만들어졌고, 패널과 꽃이라는 두 부재가 결합되어 몽환적인 정원을 형성하였다. 'Alice'는 제한된 요소만을 가지고 복제와 미러기법(mirroring)을 통해 다양한 형태를 만들어낸 좋은 예시이다. 오늘날 건축가에게 forming은 무한한 가능성을 가진 영역으로, 수많은 재료와 더불어 아날로그와 디지털적 방식을 통해 표준화된 공장제작기법의 한계를 넘어 새로운 활용 기법들이 생겨나고 있다. 앤드류 쿠들리스(Andrew Kudless)에 의한 P_Wall는 디지털적으로 생각되고 디자인되었지만, 제작은 매우 아날로그적으로 이루어졌다. 수정이 가능한 직물로 된 주형은 다른 위치에 다른 높이로 놓인 핀에 의해 느슨한 형태를 이룬다. 그러나 석고가 채워지면서 궁극적으로 자연스러운 형태가 만들어진다. 균열, 주름 및 부푼 것과 같은 모습은 기계적으로나 디지털적으로 흉내낼 수 없는 유기적 형태의 특징을 만들어 준다. 본 장에서 보여주는 작품들은 구성요소 각각의 특성보다 합성에 의해 새로운 효과를 만들어낸다. 그들은 아마도 대규모의 건축에 있어서의 훌륭한 적용사례이고 디지털 시대의 건축에 있어서 기술적 풍요를 대변해 준다.

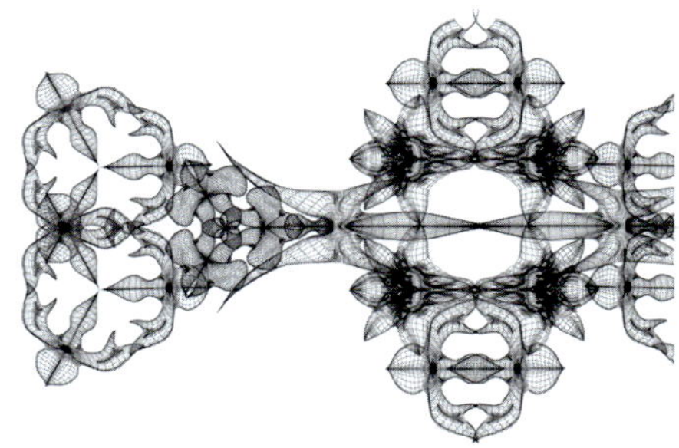

Early study of ornamental panel.
All photos: Florencia Pita

Alice
Florencia Pita mod, 2007

이 작품의 이름이 몇 개의 허구적 풍경의 묘사에서 따온 것처럼, 'Alice'는 동화이야기로부터 형태를 가져온 설치작품이다. 루이스 캐롤(Lewis Carroll)이 쓴 원래의 이야기와 이 작품 사이에 직접적 관계는 없으나, 이야기의 분위기와 감각이 공간적으로 표현되었다. 이 작품의 아름다움은 2차원 그래픽에서 깊이를 강조하기 위해 매우 섬세한 흑백의 음각을 만들고, 색을 입혀 분위기를 이끌어 내는 일러스트레이터들에 의해 창조된 이미지와 유사하다. Alice는 형태와 색상에 관한 아이디어들에 초점을 맞추고 있다. 외형은 주어진 오브제의 특정한 기하학적 개념을 살리고 변형시키기 위해서 곡선 형태의 과도한 장식과 같이 형태를 과장하는 방식으로 발전되었다. 어떤 특정 재료가 그것의 특징을 정의하는 코드화된 색을 가진 것처럼, 색은 공간과 물성의 변화를 가능케 한다. 이 작품은 물질의 성질을 색을 통해서 강조하려 한다. 재료는 플라스틱이고 색은 오렌지색으로, 플라스틱 장난감과 유사한 느낌을 내도록 디자인되어, 꾸밈과 환상의 세계로 들어가게 해주는 밀도 있는 장식적 형태의 아름다움을 가지고 있다.

1

2

3

4

5

1 CNC-milled MDF formwork, base mold for vacuum-formed mold for cast units.

2 Vacuum-formed sixteenth-inch Styrene mold for cast units.

3 Urethane cast on vacuum-formed molds.

4 Cast units.

5 CNC-milling positive formwork for vacuum-formed cladding.

6 Vacuum-forming process, heating eighth-inch PETG previously laminated on orange vinyl.

7 Test prototype of joint between cast units and wall piece.

8 Installation at LAXART, Culver City, California.

6

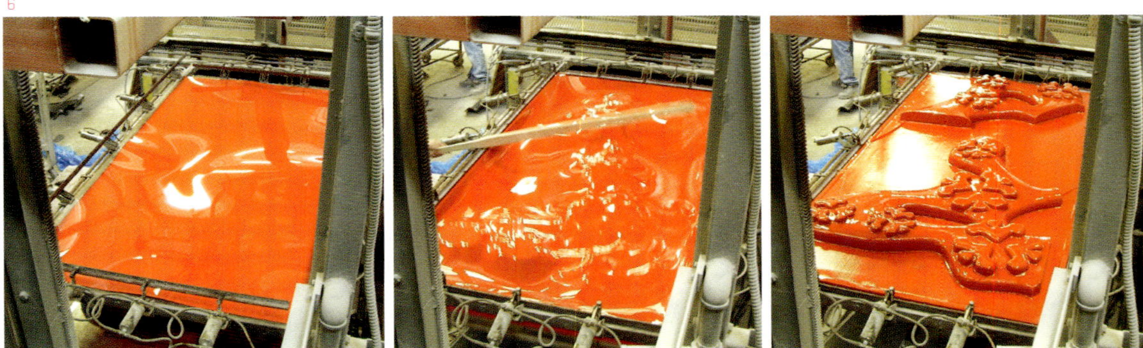

7

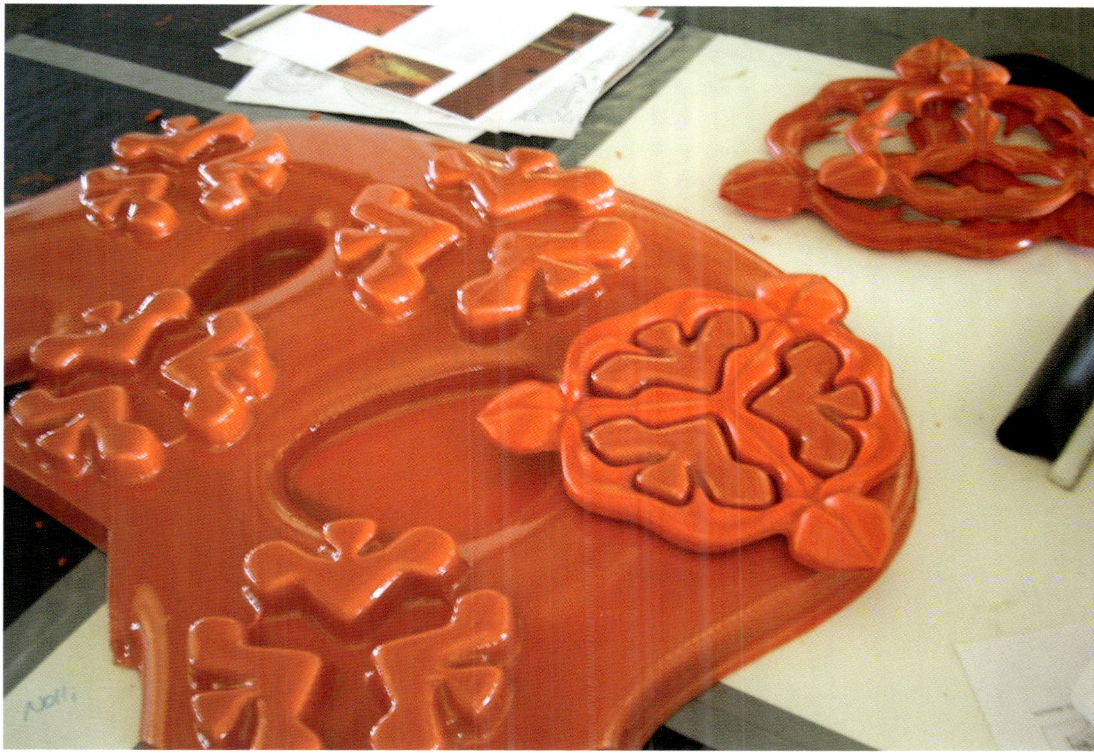

8

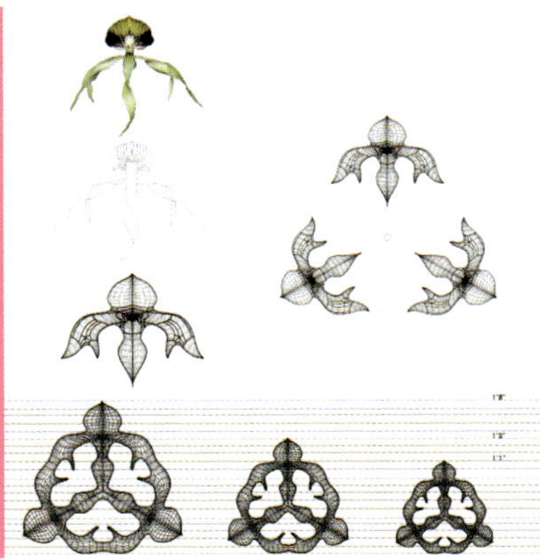

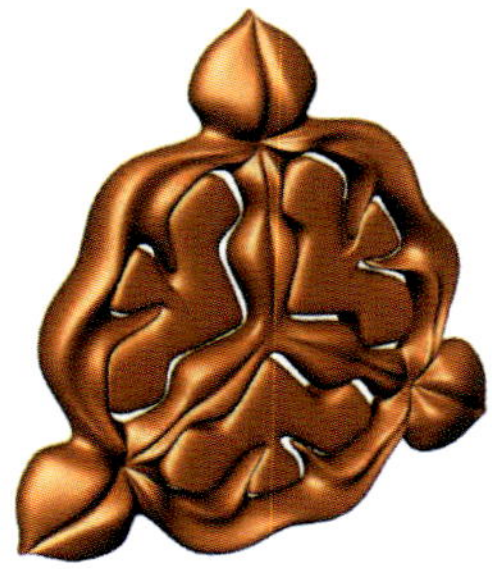

ABOVE: Description of design process of typical unit.
BELOW LEFT: Diagram of cast unit attachment.
BELOW RIGHT: Detail of completed installation.

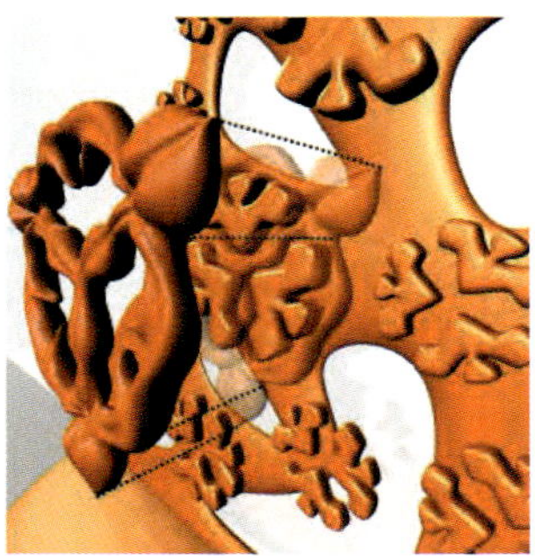

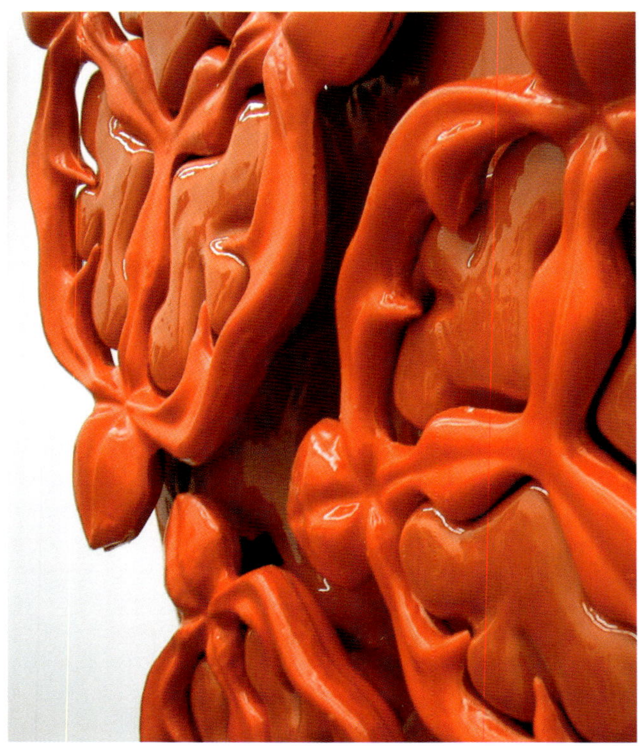

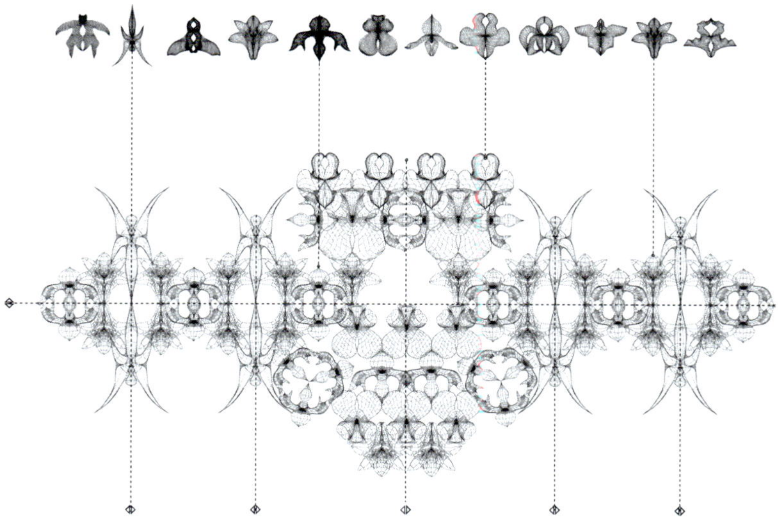

ABOVE: Diagram of assembly of flower units.
BELOW: Completed installation at LAXART.

All photos: MOS

Prototype Pavilion
MOS, 2005

Prototype Pavilion은 주름 만들기(corrugation)와 가지치기(branching)를 통해 강성을 만들어내는 실험적 구조 시스템을 연구하기 위해 디자인되고 만들어졌다. 이 디자인의 초점은 서로 어울리지 않는 두 가지 조건인 투명함과 내력구조를 동시에 구현할 수 있는 파이버글라스(fiberglass:유리섬유) 지붕패널을 CNC를 이용한 가공에 대한 연구였다.

내력 패널을 구현하기 위해서, 재료의 제거는 매스(mass)를 줄이고 구조적 표현면적을 증가시켰다. 주름모양은 평평한 패널보다 하중의 분산에 도움이 된다. 가지치기형태는 하중을 더욱 분산시키는 역할을 한다. 유한시스템(finite system)을 유지하면서, 연속적인 셀의 분할을 통해 재료의 재구조화 작업이 이루어졌다.

초기의 주름패턴은 재료의 깊이에 따른 한계에 따라 다양한 간격을 가지는 파도패턴에 의해 결정되었다. 길이를 따라서 피보나치 수열에 의한 비례가 사용되었다. 패널간의 "가지치기" 효과를 증가시키기 위해, 두 패널, 한 패널, 또는 반쪽 패널의 길이에 해당하는 포물선 곡선을 따라 투영된 파도패턴인 스칼라 기술(scalar technique)이 사용되었다. 결과로 나온 곡선들은 패널의 가지치기 형태를 만드는데 사용되었다.

내력패널의 중심부는 7.6cm 두께, 1kg 무게의 경량 EPS 폼이며, 가장 얇은 곳은 빛이 투과되는 것을 가능케 하였다. 그 표면은 다양한 재료와 무게를 가진 몇 겹의 파이버글라스 층들로 되어 있으며, 이들간의 결합력을 증가시키기 위해 진공으로 처리 되었다. 내력패널 전체가 테스트되지는 않았지만, 디자인 과정은 선험적인 하중 테스트를 포함 하였다. 최종 목표는 가볍고 주름진 패널 시스템이 더욱 향상된 성능을 지닌 복합구조 표피시스템으로 개발하는 것에 있다.

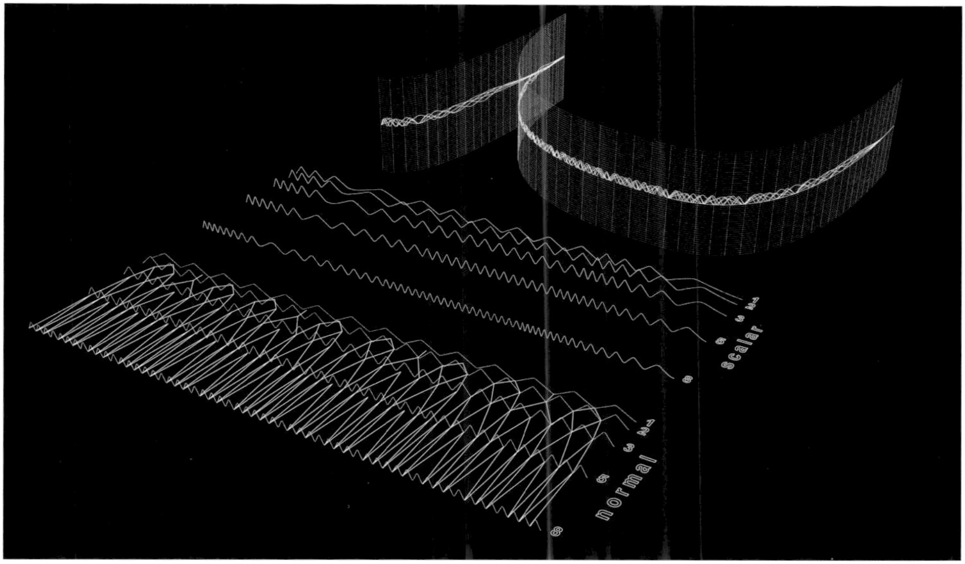

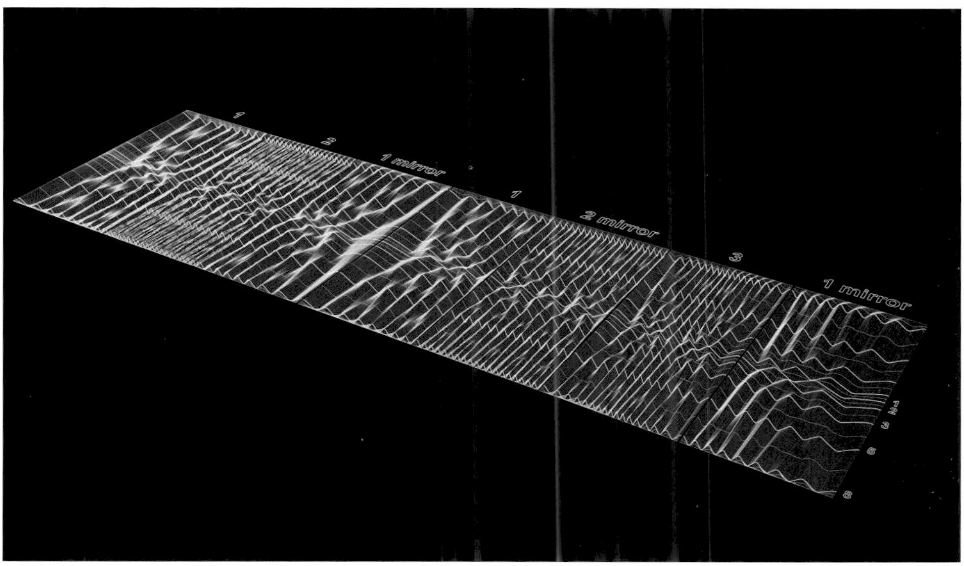

TOP: Generative diagram for corrugations.
BOTTOM: Three-dimensional corrugations.

FROM LEFT: Milled-foam substrate; panels of milled-foam substrate; laying fiberglass over milled-foam substrate.
BELOW: Underside of canopy.
OPPOSITE: Assembled canopy.

All photos: PATTERNS

UniBodies
PATTERNS, with Kreysler & Associates, 2006

Unibodies는 PATTERNS에 의해 주도된 협업 프로젝트로서, 쉘구조와 쉘구조가 건축적 형태와 양식에 미치는 영향에 관한 디자인 연구이다. 전문적인 컴포지트 성형(composite forming) 기업인 Kreysler & Associates의 기술에 의해, Unibodies는 작은 규모의 실험적 건축에서의 컴포지트 쉘(composite shell)형태의 가능성을 개념적으로 탐구한 작품이다. 이런 건축들은 진보된 기술적, 형태적, 재료적 개발과 더불어 뼈대와 표피, 모듈러와 단일체, 매끄러움과 거침 사이의 내재적 차이를 창의적으로 탐구한다.

UniBodies 는 재료적 측면에서 컴포지트의 가소성과 단일화된 시공시스템을 실험하였다. 컴포지트 또는 FRP는 하나의 몸체로 이루어진 단위 쉘 안에 서로 다른 물질들을 혼합하고 통합하고 가공할 수 있는 특성을 가지고 있다. 더욱이 컴포지트는 시간과 과정의 융합을 암시한다. 동질적 표면의 조립을 위한 비등방성 요소(anisotropic component)의 사용으로 모든 조각들은 유리섬유, 합성수지(resin), 유연한 단열재의 다양한 조합으로 만들어 진다. UniBodies는 인공적 물성과 급격한 경사를 구현하기 위한 컴포지트의 다재 다능한 활용성을 보여준다. 다양한 투명도, 점도, 표면윤곽은 주형에서 함께 구현되고 합성수지(resin)의 색상과 내용물이 실험되었다.

마지막으로, UniBodies는 구조체와 인체 사이의 공명을 유발하기 위한 잠재력만큼이나 이러한 물리적 형태 안에서의 재료적 감각과 친근감에 대한 것이다

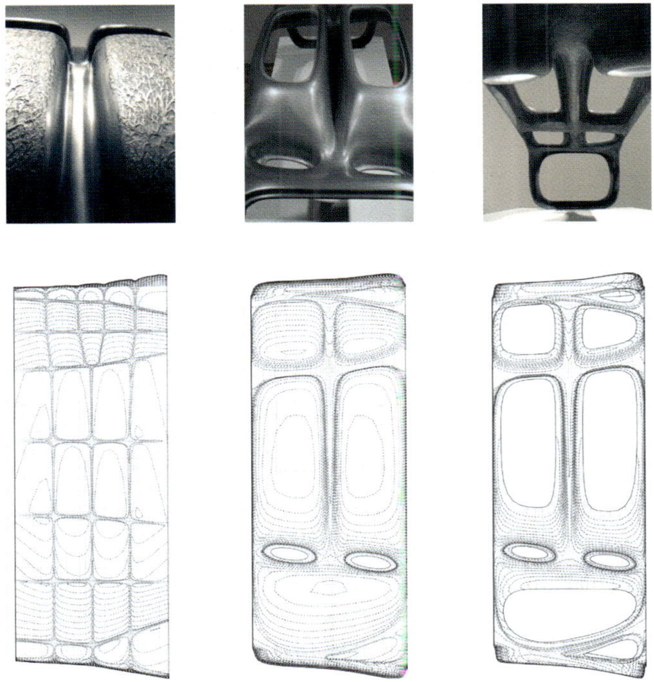

ABOVE: Surface details, surface contour of shells.
BELOW: Completed integral ribbed shell.

Photo: Deborah Bird

NGTV
GNUFORM, 2005

Beverly Hills의 NGTV(No Good Television)의 본사건물의 바(Bar)는, 풍부한 색과 조명의 사용으로 묵직하고 감각적인 분위기를 연출하고 있다. 재료, 효과 및 기술이 이 작품 내의 다른 공간보다 게스트를 위한 리셉션 데스크, 유명인의 인터뷰, 그리고 자주 오는 기업의 행사를 위한 바로 쓰이는 공간의 중심부 형태를 구현하기 위해 좀 더 집중적으로 사용되었다.

GNUFORM의 이전 작품에서 나타난 것과 같이, 모발이나 털의 형태가 각각의 패널 사이, 바와 커튼 사이에 희미하고 동적인 윤곽선을 만들어 낸다. 빛이 명확히 구부러진 표면을 통과할 때 패널의 불명확한 윤곽선이 나타난다. 조밀한 굴곡은 조명이 재료의 실제 가장자리를 비치기 전에 빛이 사라지게 한다. 표면에 의해 만들어진 빛의 감소는 간접조명보다 더욱 응집력 있게 보이고 플라스틱 모서리를 부드럽게 표현한다.

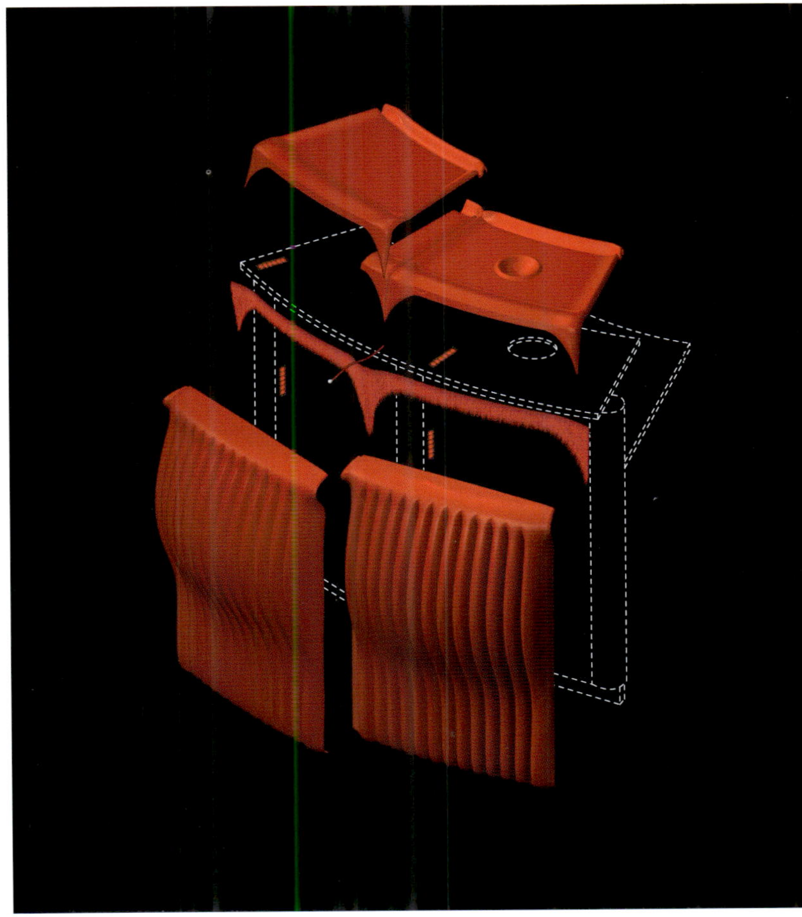

ABOVE: Diagram for assembly of panels. Photo: GNUFORM
BELOW: Diagram of sensorial cues.

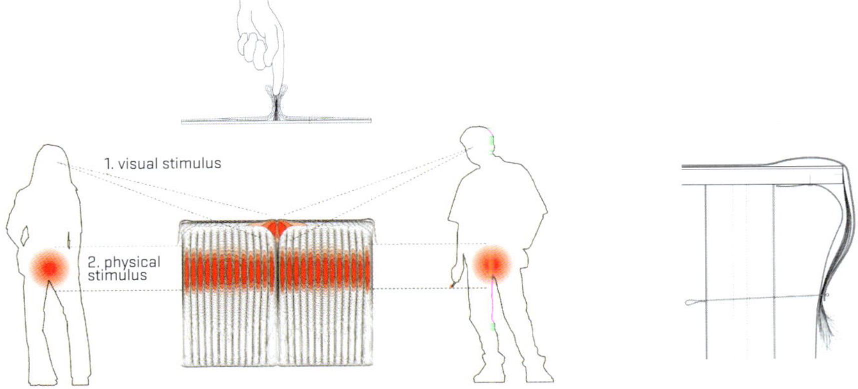

Photo: Erdman Photography

"Dark Places"
servo, 2006

"Dark Places" 전시는 76개의 엄선된 미술작품들을 4개의 뒤얽힌 플라스틱 줄기형태의 전시대에 분포시켰다. 각각의 줄기는 서로 다른 영상을 포함하고 있다. 이것들은 이웃해 있는 줄기들과 회전하며 세가지 다른 환경을 만들어 낸다. 또한, 큰 규모의 전면 영상은 갤러리 공간의 외곽선을 보여준다. 공중에서 유영하는 듯한 "시네마틱 오브제(cinematic objects)" 는 머리 높이에서 후면 프로젝션되고 공간에서 두 개의 무리로 분할된다. 예술가들에 관한 모든 신상정보는 바닥에서부터 올라와 줄기의 안으로부터 프로젝션되는 4개의 터치스크린에 나타난다. 방문자는 시스템을 활성화시키며 전체적인 공간의 범위를 규정하는 빛의 효과를 유발한다.

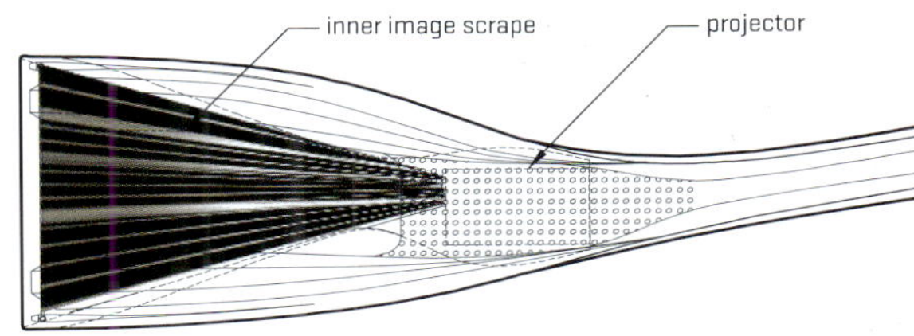

ABOVE: Diagram of image scrape.
BELOW: Detail showing image scrape.

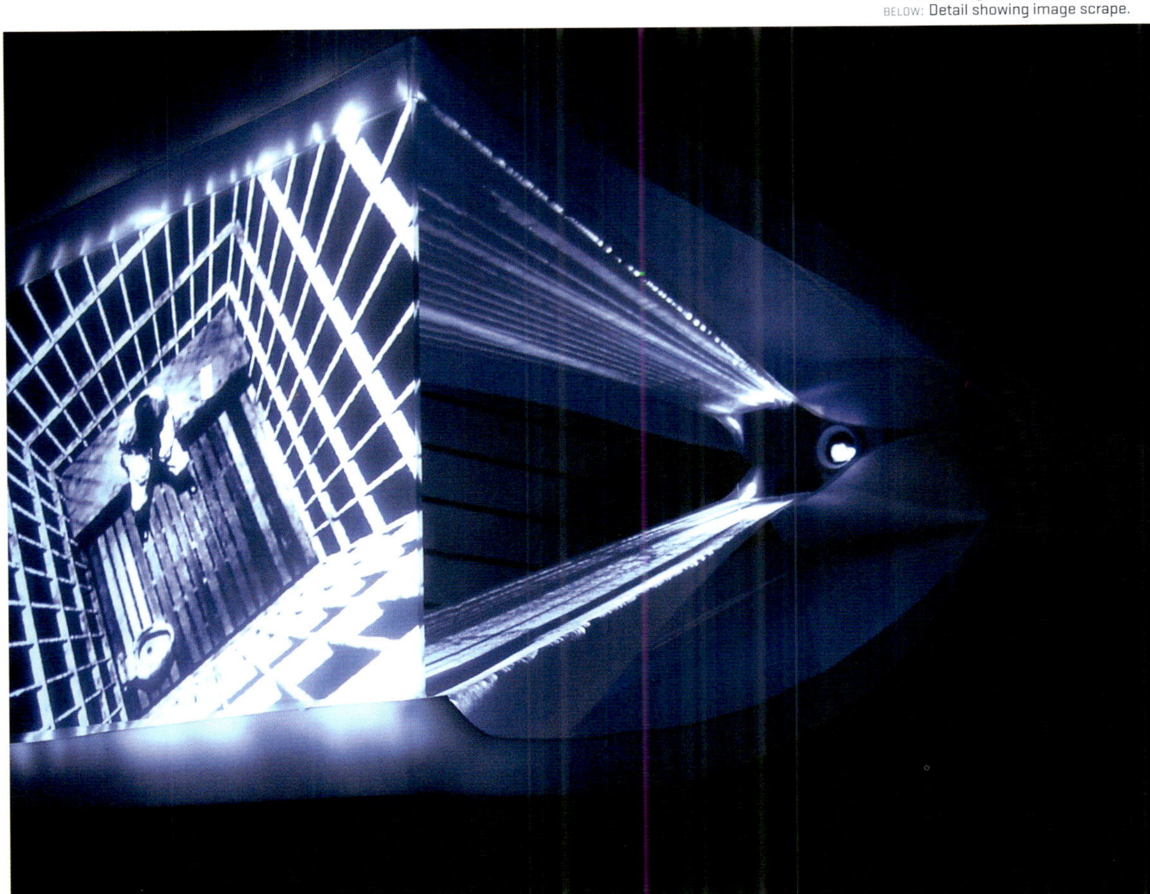

ABOVE: Detail of touch-screen interface. Photo: servo
BELOW LEFT: Production of canopy units during installation; section drawings. Photo: servo
BELOW RIGHT: Section drawings.
OPPOSITE: Completed project at Santa Monica Museum of Art. Photo: Erdman Photography

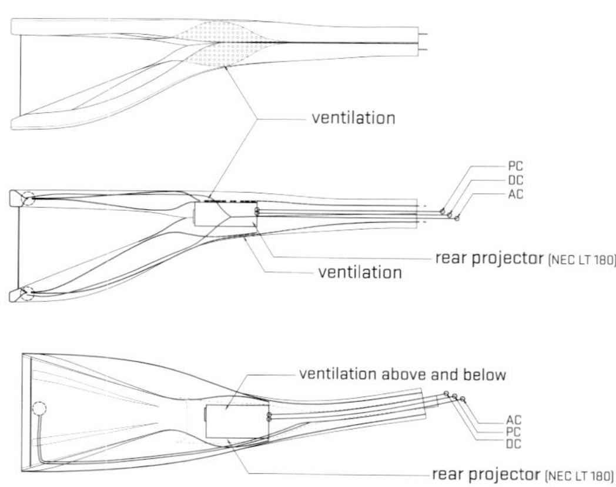

Photos: SPAN

"Housing in Vienna"
SPAN, 2007–8

이 "pod family" 는 순회전시 "Housing in Vienna"를 위하여 제작되었다. 이것은 단순한 쉘 형태로부터 진화하여 날개형태를 만드는 포드(POD: 유선형의 비어있는 통모양의 공간)의 진화를 보여준다. 단지 세 개의 면이 하나의 Pod를 이루고, 형태는 내재된 기하학적 특성상 다양한 방법으로 반복되는 카이로 모자이크(Cairo tessellation: 이슬람적 데코레이션으로 사각형과 등변삼각형으로 구성됨)로부터 유래되었다. 따라서 전체 디자인을 수정하지 않고도 전시환경에 따라 다양한 변환이 가능하다.

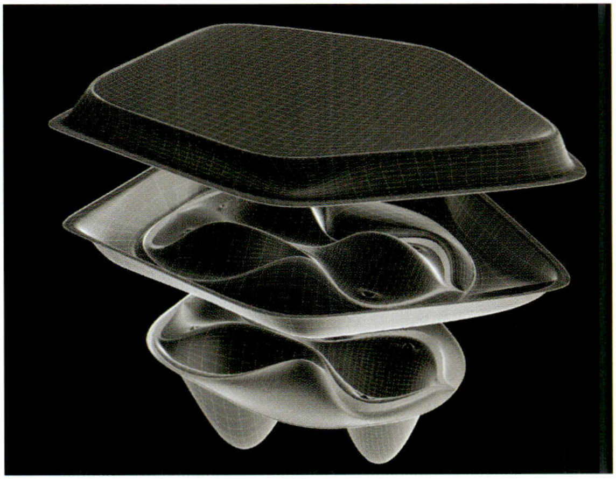

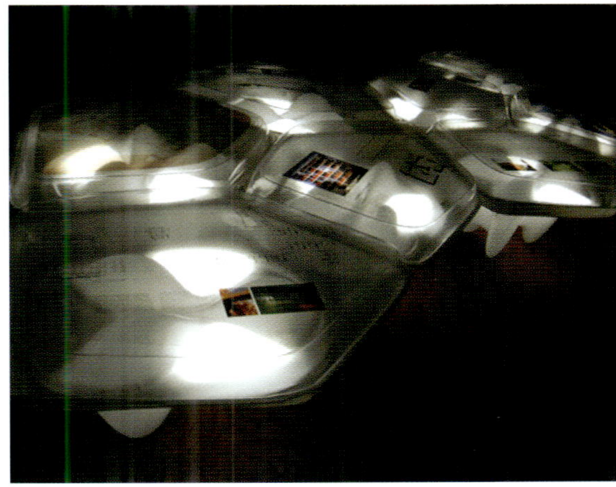

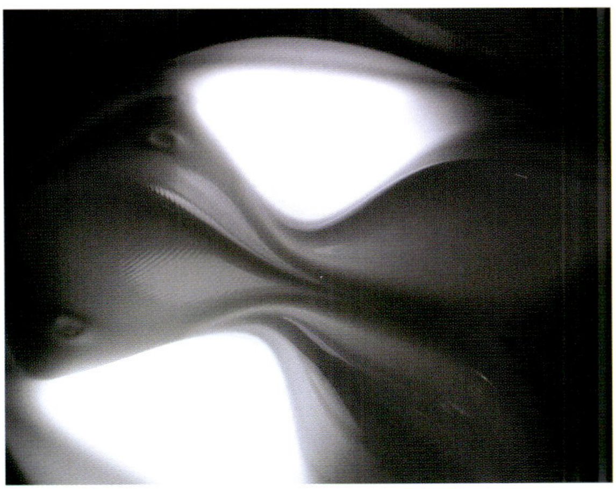

TOP LEFT: Three shells form single pod.
TOP RIGHT: Mobile-exhibition "colony of pods."
BOTTOM: Illumination tests with vacuum-formed prototype.

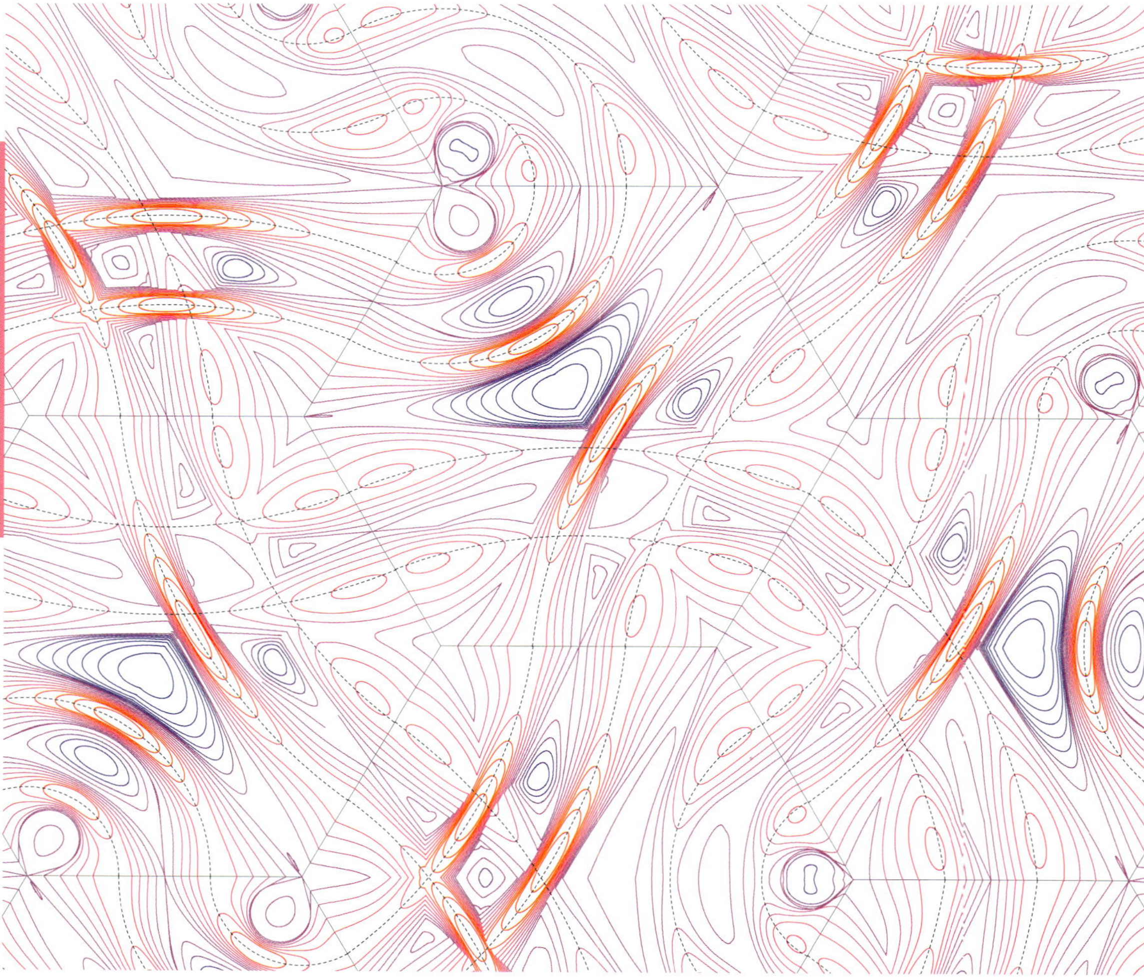

Illustrators: Miguel Alvarez, Daniel Carper, Alissa Hisoire, Carrie Smith

Satin Sheet
University of California, Los Angeles/
Heather Roberge, 2007

"tessellation" 에 의한 패턴을 가진 패널들의 집합을 여러 방향으로 회전시켜 매우 다양한 구성을 만들어 낼 수 있다. 6각형 패널의 의도적 사용으로 인해 인접측면들과 하나의 형상의 회전을 가능케 하여 다양한 조합방식을 만들어 낸다. 동질적인 형상내부의 다양한 곡선구성은 다수의 패널 조합으로부터 전계효과(電界 효과, field effects)와 유사한 모습을 만들어 낸다. 두 개의 패널이 다양한 전계효과를 만들기 위해 개발되었다. 이 패널 형태의 집합은 텍스처와 표면 음영에 있어 미묘한 차이를 가지고 있으나 육각형 외곽과 측면 모양은 그대로 남아있다. 이러한 기법의 시각적 효과는 장(場:field)를 통해 얇은 층의 흐름과 기류 사이에 끊임없이 전이하는 물의 움직임과 같은 표면을 만들었고, 그것은 물이나 소용돌이치는 구름과 유사하다. 이러한 패널간의 연속적 전이의 결과로서, 육각형 형태의 딱딱한 경계는 표면의 부드러움에 녹아 들어 조각판들의 장(場:field)효과를 부각시킨다.

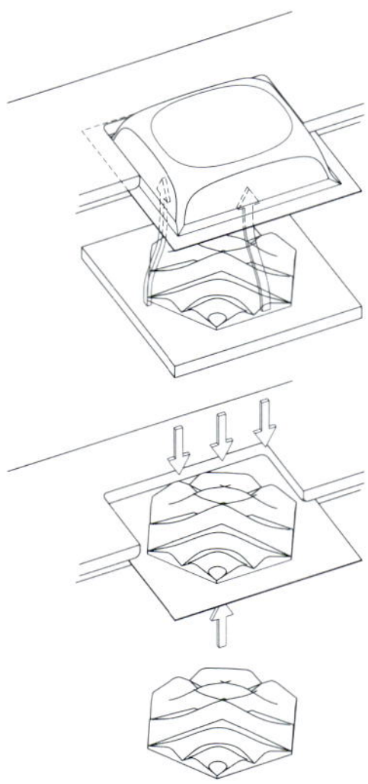

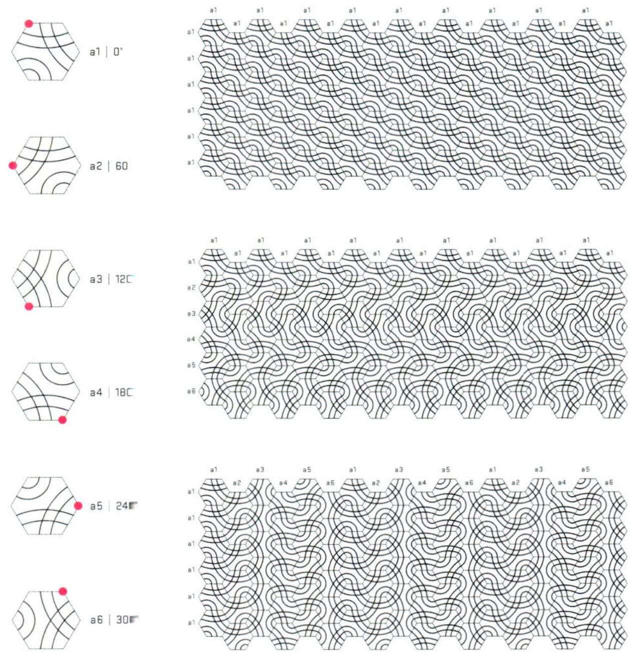

ABOVE: Diagram of superform process; tessellation strategies based on tile rotation.
BELOW: Final pattern.

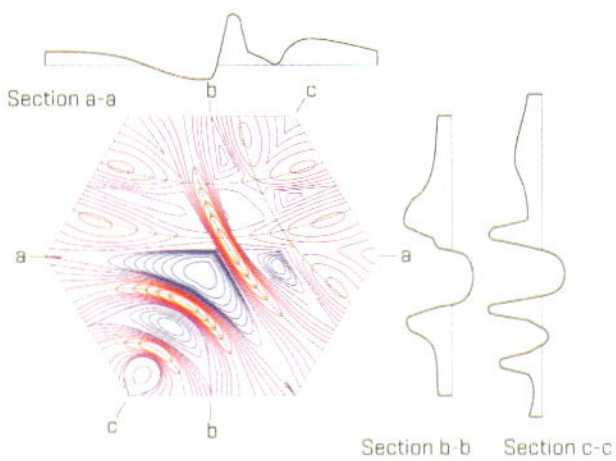

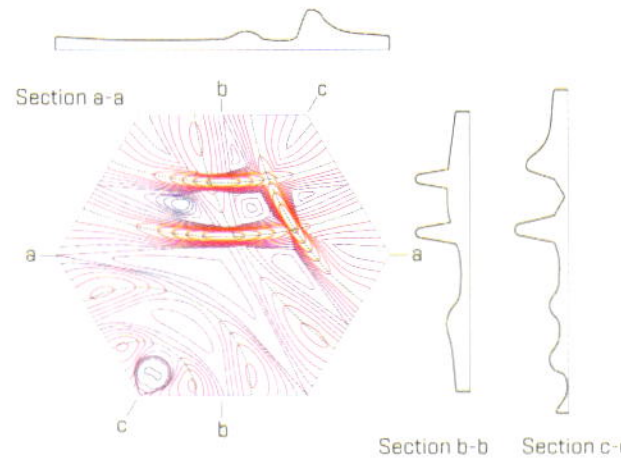

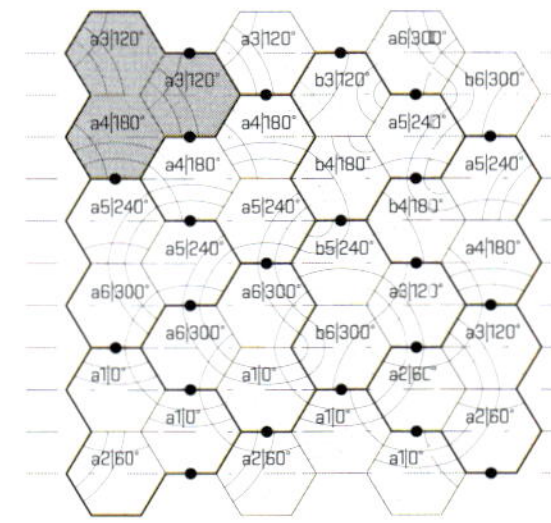

ABOVE: Plan and sections of final two tile patterns; diagrams of built portion of overall final pattern and tile rotation.
BELOW: Completed installation.
Photo: Lindsay May Photographs

Photo: Lindsay May Photographs

Shiatsu
University of California, Los Angeles/
Heather Roberge, 2007

Shiatsu는 일반적인 수퍼폼(superform) 기술을 바탕으로 압력조절에 의해 다양한 패널형태를 제작하여 복잡한 패널형태를 구현하였으며, 주형 만들기 과정을 부분적으로 통제하여 적은 수의 주형으로 매우 다양한 형태를 제작할 수 있게 되었다. 이 연구를 위해서, Shiatsu는 3개의 형판(jig)을 이용하였다. 그리고 그것들을 알루미늄을 가공할 수 있는 하나의 도구로 모았다. 종래의 거푸집 작업에서는 하나의 주형에서 하나의 패널타입이 나왔지만, 이 도구는 수퍼폼과정의 전환에 의해 수백 수천 가지의 다양한 패널타입을 생산 할 수 있도록 했다. Shiatsu는 알루미늄을 가공하는 수퍼폼 기법의 잠재된 능력을 끄집어 내어 최대의 다양성과 최소의 비용으로 건축재료를 생산할 수 있는 방법을 제안한다. 다양한 최종생산물은 무한히 다양한 구성을 가능케 하여 압력 성형기법의 활용에 대한 새로운 가능성을 보여 준다.

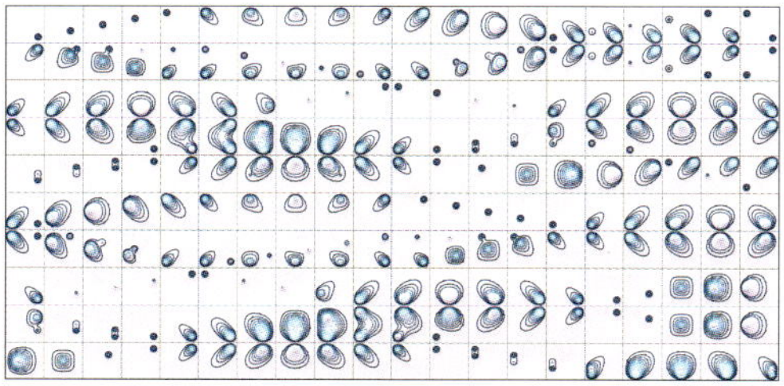

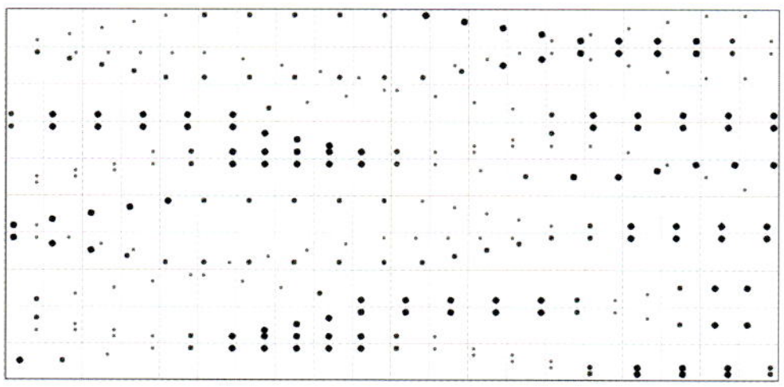

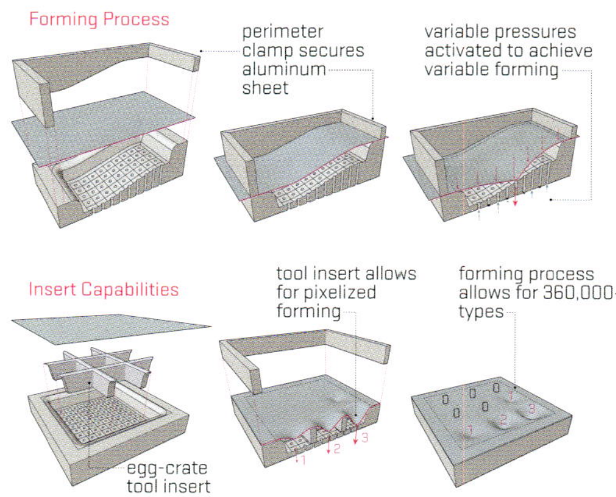

ABOVE: Panel contours and pressure points; forming process. Illustrators: Michael Ben-Meir, Kyle Miller, Marcin Szef
BELOW: Tile-forming process.

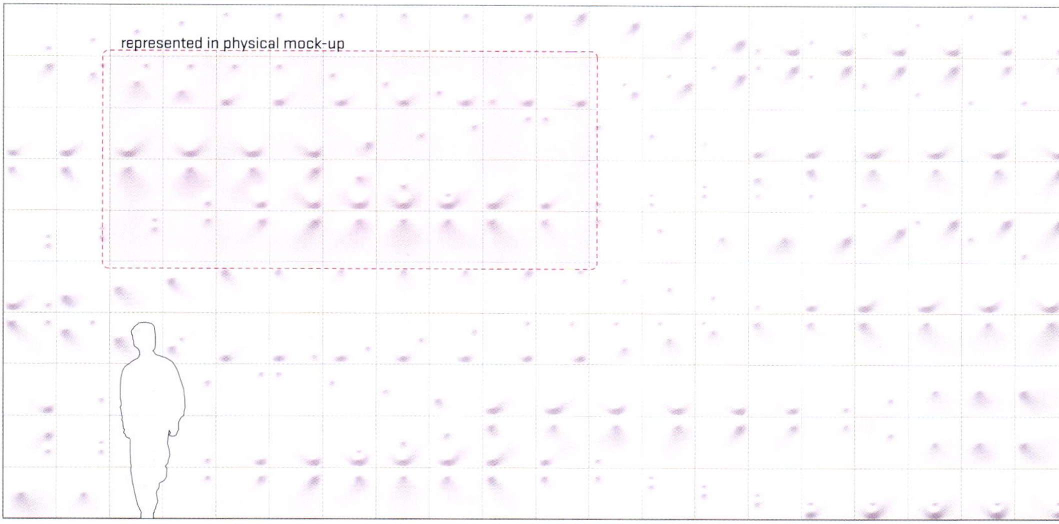

ABOVE: Final pattern with call-out for physical mock-up.
Illustrators: Michael Ben-Meir, Kyle Miller, Marcin Szef
BELOW: Completed installation.
Photo: Lindsay May Photographs.

All photos: Andrew Kudless

P_Wall
Andrew Kudless/Matsys, 2006

P_Wall은 시각적이고 음향적 효과를 만들어 내기 위해 석회와 탄성직물이라는 두 가지 재료의 조합을 보여 준다. P_Wall은 스페인 건축가 미구엘 피삭(Miguel Fisac)의 60, 70년대 유동적 콘크리트 거푸집 실험에 근거하여, 같은 선상의 연구를 통해 더욱 크고 서로 다른 패턴으로 생성하는 방법을 적용하였다. 석고 타일은 중력과 구조와의 관계에 따라 늘어지고, 확장되고, 당겨지면서 전체 형태와의 명확한 관계를 가지게 된다.

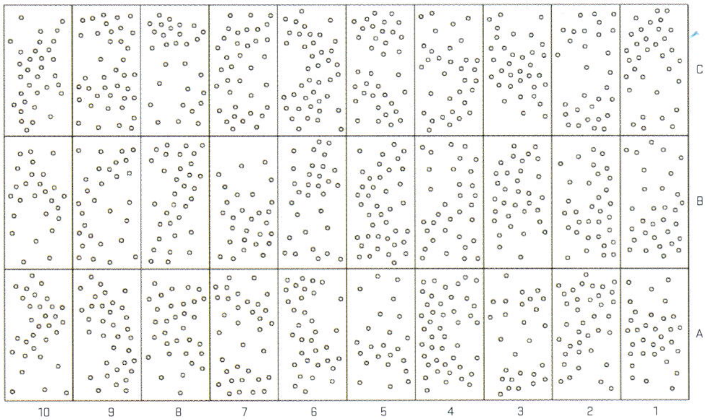

ABOVE: Scripted diagram of formwork points.
BELOW: Completed installation.

Introduction

1. Robin Evans, "Translations from Drawing to Building," in *Translations from Drawing to Building and Other Essays* (Cambridge: MIT Press, 1997).
2. Branko Kolarevic, "Information Master Builders," *Architecture in the Digital Age: Design and Manufacturing* (New York: Spon Press, 2003), 57.
3. Jim Glymph, "Evolution of the Digital Design Process," in Kolarevic, *Architecture in the Digital Age*, 101–20.
4. Michael Speaks, "Design Intelligence and the New Economy," *Architectural Record* (January 2001).

Sectioning

1. Le Corbusier, *Ronchamp*, trans. Jacquelaine Cullen (Stuttgart: Verlag Gerd Hatje, 1957), 92.
2. Greg Lynn, *Animate Form* (New York: Princeton Architectural Press, 1999), 18.
3. Cecil Balmond, *Serpentine Gallery: Pavilion 2005 Designed by Alvaro Siza, Eduardo Souto De Moura with Cecil Balmond, Arup* (London: Serpentine Gallery, 2005).
4. Douglas Gauthier, "BURST* 2007," MoMA submission booklet, 2007.

Tessellating

1. Peter Macapia, "Turbulent Grid. Dirty Geometry (part 1)," *arch'it*, February 6, 2007, http://www.architettura.it.
2. Ibid. See also Peter Macapia, "Dirty Geometry," *Log10* (Summer–Fall 2007): 137–51.
3. Achim Menges, "Polymorphism," in *Architectural Design, Techniques and Technologies in Morphogenetic Design*, ed. Michael Hensel, Achim Menges, Michael Weinstock (London: Wiley Academy, 2006), 79–87.
4. See Fabio Gramazio and Matthias Kohler, *Digital Materiality in Architecture* (Baden, Switzerland: Lars Müller Publishers, forthcoming).

Folding

1. Greg Lynn, "Architectural Curvilinearity: The Folded, the Pliant, and the Supple," *Folding in Architecture*, ed. Greg Lynn (London: Architectural Design Magazine, 1993), 8.
2. Heinrich Engel, *Structure Systems* (New York: Frederick Praeger, 1968).
3. Farshid Moussavi and Michael Kubo, eds., introduction to *The Function of Ornament* (Barcelona: Actar, 2006), 5–12.
4. See Michael Hensel and Achim Menges, eds., *Morpho-Ecologies: Towards Heterogeneous Space in Architecture Design* (London: Architectural Association, 2006).
5. Tom Wiscombe, excerpt from *Dragonfly* project text.

Contouring

1. Bernard Cache, *Earth Moves: The Furnishing of Territories*, ed. Michael Speaks, trans. Anne Boyman (Cambridge: MIT Press, 1995).
2. Ibid.

Forming

1. See Erwin Hauer, *Continua: Architectural Screens and Walls* (New York: Princeton Architectural Press, 2004).
2. William Massie, "Virtual Model to Actual Construct: A Direct Link to Computer-Generated Formwork," *Architecture* 87, no. 4 (1998): 98.
3. Jim Glymph, "Evolution of the Digital Design Process," in *Architecture in the Digital Age: Design and Manufacturing*, ed. Branko Kolarevic (New York: Spon Press, 2003), 101–20.

Sectioning

Digital Weave, University of California, Berkeley/ Lisa Iwamoto, 2004
DESIGNERS: Lisa Iwamoto (faculty), Josh Beck, Aaron Brumo, Kristi Dykema, Mike Eggers, Aaron Korntreger, Ursula Lang, Danny Lee, Lih-Chiun Loh, Myrto Milou, Heather Moore, Sam O Meara, Margaret Sledge, Meredith Weems, Yantien Wong
LOCATION: SFMOMA Contemporary Extension (CX), "Atmosphere" furniture store, San Francisco, California
SOFTWARE: Rhinoceros, AutoCAD
MATERIAL: 4mm Coroplast
FABRICATION: Water-jet cutter

Mafoombey, Martti Kalliala, Esa Ruskeepää, with Martin Lukasczyk, 2005
DESIGNERS: Martti Kalliala and Esa Ruskeepää, with Martin Lukasczyk
LOCATION: Helsinki, Finland
SOFTWARE: Rhinoceros
MATERIAL: 7mm corrugated cardboard
FABRICATION: Die-less cutting and creasing table

(Ply)wood Delaminations, Georgia Institute of Technology/ Monica Ponce de Leon, 2005
DESIGNERS: Monica Ponce de Leon (faculty), Asa Martin, Richard Aeck, Paul Ehret
TEAM: Thomas Dinatale, Leonard Lowrey, Minh Nguyen, Benton Carper, Jennifer Smith, Austin Hall, Tim Olmstead
LOCATION: Georgia Institute of Technology, Atlanta, Georgia
SOFTWARE: Rhinoceros, Alphacam
MATERIAL: Birch plywood
FABRICATION: 2D CNC profile cuts
Funded by the Georgia Institute of Technology Thomas W. Ventulett III Distinguished Chair in Architectural Design

A Change of State, Georgia Institute of Technology/ Nader Tehrani, 2006
DESIGNERS: Nader Tehrani (faculty), Tristan Al-Haddad (instructor), Brandon Clifford (project lead)
TEAM: Richard Aeck, Jonathan Baker, Daniel Baron, Vishwadeep Deo, Brandi Flanagan, Steven Georgalis, Jason Mabry, Mohamed Mohsen, Lorraine Ong, Vinay Shiposkar
LOCATION: Georgia Institute of Technology, Atlanta, Georgia
SOFTWARE: Rhinoceros, Alphacam
MATERIAL: Polycarbonate
FABRICATION: 2D CNC profile cuts from sheet material, cold bending on-site as a result of predrilled holes
Funded by the Georgia Institute of Technology Thomas W. Ventulett III Distinguished Chair in Architectural Design

[c]space, Alan Dempsey and Alvin Huang, 2008
DESIGNERS: Alan Dempsey and Alvin Huang
TEAM: Patrik Schumacher, Yusuke Obuchi, Hanif Kara, Reuben Brambleby, Jugatx Ansotegui, Oliver Bruckerman, Sawako Kaijima, Panagiotis Michalatos, Wolfgang Rieder, Maria Pixner, Gerhard Enn, Arnold Leiter, Bodo Röder
SITE TEAM: Design Research Laboratory
João Bravo da Costa, Alkis Dikaios, Aditya Chandra, Alan Jinsoo Kim, Jwalant Mahadevwala, Rashiq Muhammad Ali, Carlos Andres, Parraga Botero, Thomas Andres Jacobsen-Collado, Pierandrea Angius, Saif Ala'a Al-Masri, Abhishek Bij, Rochana Chaugule, Rafael Contreras Morales, Xia Chun, Kai Chun Hu, Claudia Dorner, Pavlos Fereos, Brian Houghton, Julian Jones, Shipra Narang, Iain (Max) Maxwell, Sergio, Reyes Rodriguez, Diego Ricalde Recchia, Alexander Robles Palacio, Ujjal Roy, Rajat Sodhi
LOCATION: Architectural Association, London, U.K.
SOFTWARE: Rhinoceros, AutoCAD
MATERIALS: Fiber-reinforced concrete, steel
FABRICATION: CNC water-jet cutter, CNC plasma cutter

BURST.003*, SYSTEMarchitects, 2006
DESIGNERS: Douglas Gauthier, Jeremy Edmiston
TEAM: Sarkis Arakelyan, Amber Lynn Bard, Ayat Fadaifard, Sarah Goldsmith, Henry Grosman, Kobi Jakov, Joseph Jelinek, Ginny Hyo-jin Kang, Gen Kato, Yarek Karawczyk, Ioanna Karagiannakou, Tony Su
ENGINEER: Buro Happold
CONSULTING ENGINEERS: Craig Schwitter (partner), Cristobal Correa (structural engineer), Byron Stigge (mechanical engineer)
LOCATION: North Haven, Australia
SOFTWARE: form•Z, VectorWorks, StringIT
MATERIALS: Plywood, wood decking, painted steel, painted expanded metal, door and window hardware, galvanized-metal flashing, bolts, screws, poured-resin flooring, paint, sealant, Bondo finish, Vulkem waterproofing membrane, concrete foundation footings, insulated glass, incandescent light fixtures
FABRICATION: Laser cutter, CNC router

Tessellating

West Coast Pavilion, Atelier Manferdini, 2006
DESIGNER: Elena Manferdini
TEAM: Jae Rodriguez, Midori Mizuhara
LOCATION: Architectural Biennial Beijing 2006, Beijing, China
SOFTWARE: Maya
MATERIALS: Wood and styrene
FABRICATION: CNC laser cutter, CNC mill

Huyghe + Le Corbusier Puppet Theater, MOS, 2004
DESIGNERS: Michael Meredith, Hilary Sample
TEAM: Harvard Graduate School of Design students Geoff von Oeyen, Chad Burke, Zac Culbreth, Elliot Hodges, Fred Holt
LOCATION: Carpenter Center for the Visual Arts, Harvard University, Cambridge, Massachusetts
MATERIALS: Polycarbonate panels, urethane foam, moss
FABRICATION: Heat forming, CNC mill

Helios House, Office dA and Johnston Marklee & Associates, 2006–7
DESIGNERS: Office dA and Johnston Marklee & Associates
Office dA: Nader Tehrani, Monica Ponce de Leon; Office dA

team: Dan Gallagher, Arthur Chang, Christian Ervin, Lisa Huang, Ji-Young Park, Brandon Clifford, Cathlyn Newell, Harry Lowd; Johnston Marklee & Associates: Sharon Johnston, Mark Lee; Johnston Marklee team: Anne Rosenberg, Robert Garlipp, Lorena Yamamoto
MATERIALS: Vibration-finish stainless steel, fiberglass substructure (canopy)
FABRICATION: Laser cutter, 3D CNC profile cutter

California: Stage Set for John Jasperse, AEDS/Ammar Eloueini, 2003
DESIGNER: Ammar Eloueini
TEAM: Gonçalo Antunes de Azevedoeorgia
LOCATION: Festival International de Dance, Cannes, France, and later performed internationally
SOFTWARE: Softimage XSI, Pepakura Designer, AutoCAD
MATERIAL: Polycarbonate
FABRICATION: CNC router

Airspace Tokyo, Thom Faulders Architecture, 2007
SCREEN-FACADE DESIGN: Thom Faulders Architecture, with Sean Ahlquist/PROCES2
SCREEN-FACADE DESIGN TEAM: Thom Faulders, Sean Ahlquist, Hajime Masubuchi, Patrick Flynn, Jessica Kmetovic, Tomohiko Sakai, Agnessa Torodova
BUILDING DESIGN: Hajime Masubuchi/Studio M (Tokyo)
LOCATION: Tokyo, Japan
SOFTWARE: 3D Studio Max, GenerativeComponents, VectorWorks
MATERIALS: Aluminum and plastic composite, stainless-steel rods, aluminum brackets
FABRICATION: Hand-cut from full-scale digital plots as templates

Technicolor Bloom, Brennan Buck, 2007
DESIGNERS: Brennan Buck, with Rob Henderson
TEAM: Dumene Comploi, Elizabeth Brauner, Eva Diem, Manfred Herman, Maja Ozvaldic, Anna Psenicka, Bika Rebek
LOCATION: Sliver Gallery, Vienna, Austria
SOFTWARE: Maya
MATERIALS: 5-mm plywood, paint, plastic zip ties
FABRICATION: 2½-axis CNC cutter

Folding

Dragonfly, Tom Wiscombe/EMERGENT, 2007
DESIGNERS: Tom Wiscombe/EMERGENT and Buro Happold; EMERGENT team: Kevin Regalado, John Hoffman, Dionicio Valdez
ENGINEERING TEAM: Greg Otto, Matt Melnyk, Steve Boak, Ricardo Carrillo
ERECTION: Hinerfeld-Ward, Tom Hinerfeld
LOCATION: SCI-Arc Gallery, Los Angeles
MATERIAL: ⅛-inch aluminum
FABRICATION: Three-axis CNC mill

Nubik, AEDS/Ammar Eloueini, 2005
DESIGNER: Ammar Eloueini/AEDS
TEAM: Marcin Szef
LOCATION: Grand Arts, Kansas City, Missouri
SOFTWARE: Softimage XSI, Pepakura Design, AutoCAD
MATERIAL: Polycarbonate
FABRICATION: CNC router

In-Out Curtain, IwamotoScott, 2005
DESIGNERS: Lisa Iwamoto, Craig Scott
TEAM: Beau Trincia, Emily Gosack
MATERIAL: Lenderink Paperwood
FABRICATION: Laser cutter

Entry Paradise Pavilion, Chris Bosse/PTW Architects, 2006
DESIGNER: Chris Bosse/PTW Architects
LOCATION: Zollverein, Essen, Germany
SOFTWARE: "Taiyo membranes" used at Taiyo membranes
MATERIALS: Specially treated high-tech Nylon and light
FABRICATION: Laser cutter with 5-m table

Aoba-tei, Atelier Hitoshi Abe, 2004
DESIGNER: Hitoshi Abe
TEAM: Naoki Inada, Yasuyuki Sakuma
LOCATION: Sendai, Japan
SOFTWARE: VectorWorks, Photoshop, Illustrator
MATERIALS: 2.3-mm steel plate, water-based urethane with ceramic powder
FABRICATION: CNC turret

Digital Origami, University of Technology, Sydney/ Chris Bosse, 2007
DESIGNERS: University of Technology, Sydney, master-class students, Chris Bosse (faculty)
LOCATION: Sydney, Australia
MATERIAL: Recycled cardboard
FABRICATION: Laser cutter

C_Wall, Andrew Kudless/Matsysa, 2006
DESIGNER: Andrew Kudless/Matsys
TEAM: Ivan Vukcevich, Ronnie Parsons, Zak Snider, Austin Poe, Camie Vacha, Cassie Matthys, Christopher Friend, Nicholas Cesare, Anthony Rodriguez, Mark Wendell, Joel Burke, Brandon Hendrick, Chung-tzu Yeh, Doug Stechschultze, Gene Shevchenko, Kyu Chun, Nick Munoz, Sabrina Sierawski
LOCATION: Banvard Gallery, Knowlton School of Architecture, Ohio State University
SOFTWARE: Rhinoceros, RhinoScript, Qhull
MATERIAL: Two-ply museum board
FABRICATION: Laser cutter, folding

Manifold, Andrew Kudless, 2004
DESIGNER: Andrew Kudless/Matsys
TEAM: Jayendra Sha, Nikolaos Stathopoulos, Giorgos Kailis, Matthew Johnson, Ranidia Lemon, Muchuan Xu, Grace Li, Scott Cahill, Wongpat Suetrong
LOCATION: Architectural Association, London
SOFTWARE: Maya MEL script, Rhinoceros, form•Z, AutoCAD
MATERIAL: 3-mm solid cardboard
FABRICATION: Laser cutter, folding

Contouring

Bone Wall, Urban A&O, 2006
DESIGNER: Joe MacDonald
PROJECT CAPTAINS: Andrew Atwood, Landon Brown, Todd Shafer, Erik Tietz
TEAM: Behrang Behin, Jef Czekaj, Darby Foreman, Teddy Huyck, Christoph Ibele, Christopher Parlato, Cameo Roehrich, Christopher Ryan, Suzannah Sinclair, Timothy Talun, Daniel Kiss
LOCATION: Storefront for Art and Architecture, New York
SOFTWARE: CATIA V5R17
MATERIAL: High-density foam
FABRICATION: CNC mill

Design 306, Erwin Hauer and Enrique Rosado, 2005
DESIGNERS: Erwin Hauer and Enrique Rosado
LOCATION: Rockefeller Center, New York
SOFTWARE: Rhinoceros
MATERIALS: Indiana limestone, MDF
FABRICATION: Three-axis CNC mill, Digital Stone Project (fabricators)

CNC Panels, Jeremy Ficca, 2004
DESIGNER: Jeremy Ficca
SOFTWARE: AutoCAD, VisualMill
MATERIAL: Seven-ply Baltic-birch plywood
FABRICATION: Three-axis CNC mill

Door with Peephole, WILLIAMSONWILLIAMSON, 2004
DESIGNERS: Betsy Williamson and Shane Williamson
LOCATION: Mercer Union Gallery, Toronto
SOFTWARE: Rhinoceros, ThinkDesign, Mastercam
MATERIAL: Aviation plywood
FABRICATION: Three-axis CNC mill

Gradient Scale, SPAN, 2005
DESIGNERS: Matias del Campo and Sandra Manninger
TEAM: Manfred Hermann, Rob Henderson, Thomas Aigelsreiter, Philipp Müller, Friedrich Biedermann
LOCATION: Zumtobel Lightforum, Vienna, Austria
SOFTWARE: Maya, Rhinoceros, SURFCAM
MATERIALS: Extruded polystyrene, polyurethane coating, interference paint
FABRICATION: Three-axis mill

Tool-Hide, Ruy Klein, 2006
DESIGNERS: David Ruy, Karel Klein
SOFTWARE: Maya, MasterCAM
MATERIALS: MDF, metallic pearl paint, clear coat
FABRICATION: CNC mill, Associated Fabrication, Brooklyn

Forming

Alice, Florencia Pita mod, 2007
DESIGNER: Florencia Pita
TEAM: Tanja Werner, Guillermina Chiu, Ai Amano, Jerry Figurski, McCall Holman
LOCATION: LAXART GALLERY, Culver City, California
SOFTWARE: Maya, Rhinoceros, SURFCAM
MATERIALS: Cast urethane, orange pigment, eighth-inch-thick PETG, orange vinyl, high-density sheet Polyfoam, MDF, styrene
FABRICATION: CNC mill, vacuum forming, casting, laminating

Prototype pavilion, MOS, 2005
DESIGNERS: Michael Meredith, Hilary Sample
TEAM: Chad Burke, Elliot Hodges, Fred Holt
LOCATION: Unknown
SOFTWARE: Maya, Rhinoceros, SURFCAM
MATERIALS: Fiberglass, urethane foam, galvanized steel
FABRICATION: Plasma cutter, CNC mill

UniBodies, PATTERNS, with Kreysler & Associates, 2006
DESIGNERS: Marcelo Spina and Makai Smith; PATTERNS team: Georgina Huljich, Seyavash Zohoori, Marcus Friesl, Jooyoung Chun; Kreysler & Associates team: Scott Van Note, Joshua Zabel, Jesus Ambriz-Villasenor, Miguel Ambriz-Villasenor, Jesus Flores
LOCATION: Artists Space, New York
SOFTWARE: Maya, Rhinoceros
MATERIALS: In-mold and post-applied FRP, aluminum, stainless steel, various plastic finishes
FABRICATION: Composite lamination of fiberglass over CNC-milled urethane molds

NGTV, GNUFORM, 2005
DESIGNERS: Jason Payne and Heather Roberge
TEAM: Tim Gorter, Adam Fure, Kelly Bair
LOCATION: No Good Television Headquarters, Beverly Hills, California
SOFTWARE: Maya, Rhinoceros, AutoCAD
MATERIALS: Eighth-inch PETG, LED lighting, 1977 Porche Red automotive paint, eighth-inch black rubber, crimson synthetic fur, body-piercing hardware, plywood substructure
FABRICATION: CNC mill, vacuum forming, analog upholstering, combing and styling (of fur)

"Dark Places," servo, 2006
DESIGNERS: David Erdman, Chris Perry, Marcelyn Gow
TEAM: Mike Hill, Jeremy Whitener, Ellie Abrons, Kim Watts
LOCATION: Santa Monica Museum of Art, Santa Monica, California
SOFTWARE: Rhinoceros, SURFCAM
MATERIALS: PETG, aluminum
FABRICATION: Vacuum forming

"Housing in Vienna," SPAN, 2007–8
DESIGNERS: Matias del Campo and Sandra Manninger
TEAM: Alexandra Viehhauser, Günther Dreger, Gerold Kubischeck, Günther Kellner, Philipp Aschenberger, Heinz Ortmayr
LOCATION: Traveling exhibition by the Architecture Center Vienna
SOFTWARE: TopMod, Maya, Rhinoceros, SURFCAM
MATERIAL: PETG
FABRICATION: Three-axis mill, vacuum forming

Satin Sheet, University of California, Los Angeles/
Heather Roberge, 2007

DESIGNERS: Heather Roberge (faculty), Miguel Alvarez, Daniel Carper, Alissa Hisoire, Carrie Smith
TEAM: Miguel Alvarez, Daniel Carper, Alissa Hisoire, Carrie Smith
LOCATION: Perloff Hall, UCLA, Los Angeles, California
SOFTWARE: Rhinoceros, SURFCAM, Illustrator
MATERIALS: Urethane foam, ABS sheet, PETG sheets, diachromatic paint
FABRICATION: CNC mill, vacuum forming, airbrush

Shiatsu, University of California, Los Angeles/
Heather Roberge, 2007

DESIGNERS: Heather Roberge (faculty), Michael Ben-Meir, Kyle Miller, Marcin Szef
TEAM: Michael Ben-Meir, Kyle Miller, Marcin Szef
LOCATION: Perloff Hall, UCLA, Los Angeles, California
SOFTWARE: Rhinoceros, SURFCAM, Illustrator
MATERIAL: PETG sheets
FABRICATION: Drape forming, air brushing

P_Wall, Andrew Kudless/Matsys, 2006

DESIGNER: Andrew Kudless/Matsys
TEAM: Ivan Vukcevich, Kyu Chun, Ryan Palider
LOCATION: Banvard Gallery, Knowlton School of Architecture, Ohio State University
SOFTWARE: Rhinoceros, RhinoScript
MATERIALS: Plaster, Lycra
FABRICATION: Flexible fabric formwork from digitally derived point locations